俄罗斯数学精品译丛
"十二五"国家重点图书

斯米尔诺夫高等数学

Smirnov Advanced Mathematics (Volume II (3))

（第二卷·第三分册）

[俄罗斯] 斯米尔诺夫 著

斯米尔诺夫高等数学编译组 译

哈尔滨工业大学出版社
HARBIN INSTITUTE OF TECHNOLOGY PRESS

黑版贸审字 08—2016—040 号

内 容 简 介

本书根据苏联国立技术理论书籍出版社出版的斯米尔诺夫院士的《高等数学教程》第二卷 1952 年第十一版译出. 原书经苏联高等教育部确定为综合大学数理系及高等工业学院需用较高深数学的各系教科书,主要介绍了数学物理偏微分方程知识.

本书可供数学系高年级学生、高等学校数学教师,以及其他需要数学物理偏微分方程知识的技术人员参考.

图书在版编目(CIP)数据

斯米尔诺夫高等数学. 第二卷. 第三分册/(俄罗斯)斯米尔诺夫著;斯米尔诺夫高等数学编译组译. —哈尔滨:哈尔滨工业大学出版社,2018.3(2024.8 重印)
ISBN 978—7—5603—6524—4

Ⅰ.①斯… Ⅱ.①斯…②斯… Ⅲ.①高等数学—高等学校—教材 Ⅳ.①O13

中国版本图书馆 CIP 数据核字(2017)第 050729 号

书 名:Курс высшей математики
作 者:В. И. Смирнов
В. И. Смирнов《Курс высшей математики》
Copyright © Издательство БХВ,2015
本作品中文专有出版权由中华版权代理总公司取得,由哈尔滨工业大学出版社独家出版

策划编辑	刘培杰　张永芹
责任编辑	刘春雷
封面设计	孙茵艾
出版发行	哈尔滨工业大学出版社
社　　址	哈尔滨市南岗区复华四道街 10 号　邮编 150006
传　　真	0451—86414749
网　　址	http://hitpress.hit.edu.cn
印　　刷	黑龙江艺德印刷有限责任公司
开　　本	787mm×1092mm　1/16　印张 10.25　字数 184 千字
版　　次	2018 年 3 月第 1 版　2024 年 8 月第 4 次印刷
书　　号	ISBN 978—7—5603—6524—4
定　　价	48.00 元

(如因印装质量问题影响阅读,我社负责调换)

目 录

第七章 数学物理偏微分方程 //1
　§1 波动方程 //1
　　163. 弦的振动方程 //1
　　164. 达朗贝尔解 //4
　　165. 特殊情形 //7
　　166. 有界弦 //10
　　167. 傅里叶法 //14
　　168. 调和素与叶波 //16
　　169. 强迫振动 //18
　　170. 集中的力 //20
　　171. 泊松公式 //24
　　172. 柱面波 //28
　　173. n 维空间的情形 //29
　　174. 非齐次波动方程 //31
　　175. 点源 //34
　　176. 膜的横振动 //35
　　177. 矩形膜 //36
　　178. 圆形膜 //40
　　179. 唯一性定理 //46
　　180. 傅里叶积分的应用 //48
　§2 电报方程 //50
　　181. 基本方程 //50
　　182. 稳定过程 //51
　　183. 暂态过程 //54
　　184. 例 //57

185. 推广的弦振动方程 //59
186. 无界线路的一般情形 //62
187. 关于有界线路的傅里叶法 //64
188. 推广的波动方程 //68

§3 **枢轴的振动** //70
189. 基本方程 //70
190. 特殊解 //71
191. 任意函数的展开式 //74

§4 **拉普拉斯方程** //77
192. 调和函数 //77
193. 格林公式 //79
194. 调和函数的基本性质 //82
195. 关于圆的狄利克雷问题的解 //85
196. 泊松积分 //88
197. 关于球的狄利克雷问题 //91
198. 格林函数 //94
199. 半空间的情形 //96
200. 质体的势量 //97
201. 泊松方程 //100
202. 基西略夫公式 //103

§5 **热传导方程** //106
203. 基本方程 //106
204. 无界的枢轴 //107
205. 一端有界的枢轴 //111
206. 两端有界的枢轴 //115
207. 补充知识 //117
208. 球的情形 //118
209. 唯一性定理 //121

附录 俄国大众数学传统——过去和现在 //124
编辑手记 //132

数学物理偏微分方程

第七章

§1 波动方程

163. 弦的振动方程

求偏微分方程的积分问题属于分析中最艰深且最广泛的部分,这里我们只限于考虑这个范围中的基本问题.这一节中我们讲联系于所谓波动方程的问题.下面形状的方程叫作波动方程

$$\frac{\partial^2 u}{\partial t^2} = a^2 \left(\frac{\partial^2 u}{\partial x^2} + \frac{\partial^2 u}{\partial y^2} + \frac{\partial^2 u}{\partial z^2} \right)$$

或

$$\frac{\partial^2 u}{\partial t^2} = a^2 \Delta u$$

其中

$$\Delta u = \frac{\partial^2 u}{\partial x^2} + \frac{\partial^2 u}{\partial y^2} + \frac{\partial^2 u}{\partial z^2} = \operatorname{div} \operatorname{grad} u$$

在[116]与[118]中考虑声与电的振动时,我们遇到过这个方程.设 u 不依赖于 y 与 z,就是说,在任何一个垂直于 X 轴的平面上的所有的点,u 有相同的值.在这种情形下,波动方程

的形状如下

$$\frac{\partial^2 u}{\partial t^2}=a^2\frac{\partial^2 u}{\partial x^2}$$

在这样的情形下,我们通常说有平面波.现在我们来说明,当考虑紧张的弦的微小的横振动时,我们得到这样的方程.

所谓弦我们指的是纤细的线,它可以自由地弯曲.我们设它受到很强的张力 T_0 的作用,并且在平衡状态下,不受沿 X 轴方向的外力(图127).如果它由平衡位置受到了随意的外力的作用,弦就开始振动,而且当平衡时,弦上具有横坐标为 x 而位置在 N 的点,在时刻 t 就具有位置 M.我们只限于考虑横振动,假定全部运动出现在一个平面上,而且弦上的点垂直于 X 轴运动.我们把弦上的点的位置 $\overline{NM}$ 记作 u.这个位移就是两个自变量 x 与 t 的未知函数.

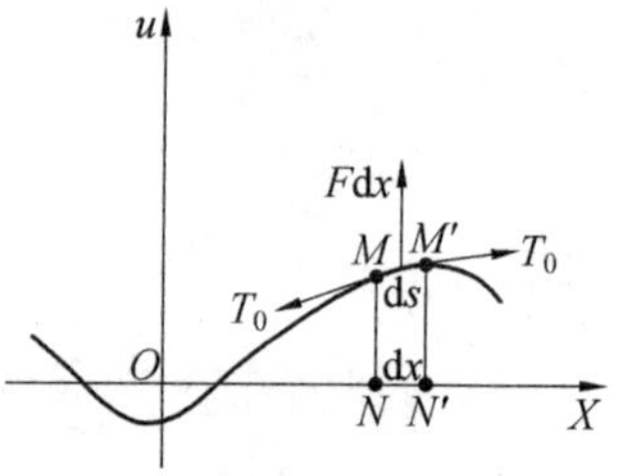

取弦的单元 MM',平衡时,它的位置在 NN'.我们算作形变是很小的,以至于与 1 比较起来可以忽略掉微商 $\frac{\partial u}{\partial x}$ 的平方项.设 α 是弦的切线与 X 轴做成的锐角.我们有

$$\tan\alpha=\frac{\partial u}{\partial x}$$

图 127

于是

$$\sin\alpha=\frac{\tan\alpha}{\sqrt{1+\tan^2\alpha}}=\frac{\frac{\partial u}{\partial x}}{\sqrt{1+\left(\frac{\partial u}{\partial x}\right)^2}}\approx\frac{\partial u}{\partial x}$$

把对于单位长计算的,弦上垂直于 X 轴的作用力记作 F.作用在所考虑的单元 MM' 上的就有下列各力:在点 M' 的张力,它的方向沿着点 M' 处的切线方向,而与 X 轴做成锐角;在点 M 的张力,方向沿着点 M 处的切线方向,与 X 轴做成钝角;以及沿 u 轴方向的力 $F\mathrm{d}x$.由于假定了形变是很小的,我们可以算作上述两个张力的大小等于张力 T_0 的大小.先设在所说的力 F 的作用下,弦成平衡.投影在 u 轴上,就有下面的平衡条件

$$T_0\sin\alpha'-T_0\sin\alpha+F\mathrm{d}x=0 \tag{1}$$

其中 α' 是上面说的角度 α 在点 M' 的值,就是说

$$\sin\alpha'=\left(\frac{\partial u}{\partial x}\right)_{M'};\sin\alpha=\left(\frac{\partial u}{\partial x}\right)_{M}$$

于是推知

$$T_0\left[\left(\frac{\partial u}{\partial x}\right)_{M'}-\left(\frac{\partial u}{\partial x}\right)_{M}\right]+F\mathrm{d}x=0 \tag{2}$$

在中括号中的差表示的是当 x 改变了 $\mathrm{d}x$ 时函数 $\frac{\partial u}{\partial x}$ 的改变量.用微分来替

代这个改变量,就得到[Ⅰ,50]

$$\left(\frac{\partial u}{\partial x}\right)_{M'} - \left(\frac{\partial u}{\partial x}\right)_{M} = \frac{\partial^2 u}{\partial x^2}\mathrm{d}x$$

代入到方程(2)中,消去 $\mathrm{d}x$,就得到弦的平衡方程

$$T_0 \frac{\partial^2 u}{\partial x^2} + F = 0 \tag{3}$$

为了得到运动方程,我们只需依照达朗贝尔原理,对于外力再补充以惯性力,它可以由下述方法得到:点 M 的速度显然是 $\frac{\partial u}{\partial t}$,加速度是 $\frac{\partial^2 u}{\partial t^2}$,惯性力等于加速度与质量的乘积而取相反的符号,所以单元 MM' 的惯性力是

$$-\frac{\partial^2 u}{\partial t^2}\rho\mathrm{d}x$$

其中 ρ 是弦的线密度,就是单位长的质量,对于单位长来讲,惯性力就是

$$-\rho\frac{\partial^2 u}{\partial t^2}$$

于是,在方程(3)中用 $F - \rho\frac{\partial^2 u}{\partial t^2}$ 来替代 F,我们就得到运动方程

$$\rho\frac{\partial^2 u}{\partial t^2} = T_0 \frac{\partial^2 u}{\partial x^2} + F$$

用 ρ 除并设

$$\frac{T_0}{\rho} = a^2, \quad \frac{F}{\rho} = f \tag{4}$$

我们就得到弦的强迫横振动方程

$$\frac{\partial^2 u}{\partial t^2} = a^2 \frac{\partial^2 u}{\partial x^2} + f \tag{5}$$

若外力消失,我们就有 $f=0$,于是得到弦的自由振动方程

$$\frac{\partial^2 u}{\partial t^2} = a^2 \frac{\partial^2 u}{\partial x^2} \tag{6}$$

以上我们假定了外力是连续地分布在整条弦上的,有时我们遇到的是力 P 集中在一个点 C 的情形.考虑这样的情形时,或者看作是上面的极限情形,就是算作力是作用在点 C 附近的一个长度为 ε 的无穷小单元上,而当 $\varepsilon \to 0$ 时,力的大小与 ε 的乘积趋向有限的极限,这个极限不等于零;或者对于点 C 附近的单元 MM' 直接运用方程(2),而用 P 来替代 $F\mathrm{d}x$.这时要注意我们对于 $F\mathrm{d}x$ 不补充以惯性力 $\left(-\frac{\partial^2 u}{\partial t^2}\rho\mathrm{d}x\right)$,因为当 $\mathrm{d}x \to 0$ 时,我们算作它趋向零.

设单元的端点逼近于点 C,我们把当自右或自左逼近于点 C 时 $\frac{\partial u}{\partial x}$ 所趋向的极限值分别记作

$$\left(\frac{\partial u}{\partial x}\right)_+, \left(\frac{\partial u}{\partial x}\right)_-$$

由方程(2)取极限就得到

$$T_0\left[\left(\frac{\partial u}{\partial x}\right)_+ - \left(\frac{\partial u}{\partial x}\right)_-\right] = -P \tag{7}$$

如此我们看出,这条弦在集中力作用所在的点 C 具有叉点,就是左右切线方向不同的点.

像在动力学中一般的情形一样,一个运动方程(5)不足以完全确定弦的运动,还需要给定在初始时刻 $t=0$ 时的状态,也就是它的点 u 的位置,以及当 $t=0$ 时它们的速度 $\frac{\partial u}{\partial t}$,这都是 x 的已知函数

$$u\,|_{t=0} = \varphi(x); \frac{\partial u}{\partial t}\bigg|_{t=0} = \varphi_1(x) \tag{8}$$

当 $t=0$ 时,未知函数 u 应当满足这两个条件,它们叫作初始条件.

理论上讲,可以考虑无穷的弦,在这种情形下要求解只需方程(5)与条件(8)就够了,其中 $\varphi(x)$ 与 $\varphi_1(x)$ 应当是给定在整个无穷区间 $(-\infty, +\infty)$ 上的. 这种情形就对应于在无界空间中对于平面波的讨论. 以后我们将看到,由无穷的弦得到的结果所给出的扰动分布的景象,当这些扰动没有达到有界弦的端点时,在这样的时间区间里,这种景象也就是对于有界弦的景象.

不过若是在点 $x=0$ 与 $x=l$,弦是介于一端或介于两端的,就需要说明它的端点的现象. 例如,设弦的一端 $x=0$ 是固定的. 在这种情形下,我们应当有

$$u\,|_{x=0} = 0 \tag{9}$$

若是端点 $x=l$ 也是固定的,则我们又得到

$$u\,|_{x=l} = 0 \tag{9_1}$$

对于任何 t,这两个条件应当满足.

弦的端点也可能不是固定的,而是按给定的方式运动的. 那时弦的这两个点的纵坐标应当算作是时间的已知函数,就是说,设

$$u\,|_{x=0} = \chi_1(t); u\,|_{x=l} = \chi_2(t) \tag{10}$$

无论怎样,如果弦是介于一端或介于两端的,对于它的每一个端点就应当有给定的条件,这样的条件叫作边值条件.

总之,我们看出,对于具体的物理问题的解来讲,补充的初始条件与边值条件的重要性并不低于运动方程,并且我们的兴趣不在于运动方程的任意的解或者甚至于它的一般解的求法,而是在于求适合于所设的初始条件与边值条件的解.

164. 达朗贝尔解

在无穷弦的自有振动的情形下,要求的函数 $u(x,t)$ 应当满足方程(6)

$$\frac{\partial^2 u}{\partial t^2} = a^2 \frac{\partial^2 u}{\partial x^2}$$

且要适合初始条件(8)

$$u\big|_{t=0} = \varphi(x); \frac{\partial u}{\partial t}\bigg|_{t=0} = \varphi_1(x)$$

这里由于弦是无界的,函数 $\varphi(x)$ 与 $\varphi_1(x)$ 应当是在给定区间 $(-\infty, +\infty)$ 上的.

可以求出方程(6)的一般解,而且具有这样的形状,使得其容易适合于条件(8).

为此,我们变换方程(6),引用新的自变量

$$\xi = x - at; \eta = x + at$$

由此

$$x = \frac{1}{2}(\eta + \xi); t = \frac{1}{2a}(\eta - \xi)$$

看作 u 通过中间变量 ξ 与 η 依赖于 x 与 t,应用求复合函数的微商的法则,通过对新变量的微商来表达对原来的变量的微商

$$\frac{\partial u}{\partial x} = \frac{\partial u}{\partial \xi} + \frac{\partial u}{\partial \eta}; \frac{\partial u}{\partial t} = a\left(\frac{\partial u}{\partial \eta} - \frac{\partial u}{\partial \xi}\right)$$

再应用这两个公式一次,就得到

$$\frac{\partial^2 u}{\partial x^2} = \frac{\partial}{\partial \xi}\left(\frac{\partial u}{\partial \xi} + \frac{\partial u}{\partial \eta}\right) + \frac{\partial}{\partial \eta}\left(\frac{\partial u}{\partial \xi} + \frac{\partial u}{\partial \eta}\right) = \frac{\partial^2 u}{\partial \xi^2} + 2\frac{\partial^2 u}{\partial \xi \partial \eta} + \frac{\partial^2 u}{\partial \eta^2}$$

$$\frac{\partial^2 u}{\partial t^2} = a^2 \frac{\partial}{\partial \eta}\left(\frac{\partial u}{\partial \eta} - \frac{\partial u}{\partial \xi}\right) - a^2 \frac{\partial}{\partial \xi}\left(\frac{\partial u}{\partial \eta} - \frac{\partial u}{\partial \xi}\right) = a^2\left(\frac{\partial^2 u}{\partial \xi^2} - 2\frac{\partial^2 u}{\partial \xi \partial \eta} + \frac{\partial^2 u}{\partial \eta^2}\right)$$

由此

$$\frac{\partial^2 u}{\partial t^2} - a^2 \frac{\partial^2 u}{\partial x^2} = -4a^2 \frac{\partial^2 u}{\partial \xi \partial \eta}$$

于是方程(6)就与下面这个方程等价

$$\frac{\partial^2 u}{\partial \xi \partial \eta} = 0 \tag{11}$$

把方程(11)写成

$$\frac{\partial}{\partial \eta}\left(\frac{\partial u}{\partial \xi}\right) = 0$$

就可以看出 $\frac{\partial u}{\partial \xi}$ 不依赖于 η,也就是说它只是 ξ 的函数.设

$$\frac{\partial u}{\partial \xi} = \theta(\xi)$$

求积分,就得到

$$u = \int \theta(\xi) \mathrm{d}\xi + \theta_2(\eta)$$

其中 $\theta_2(\eta)$ 是 η 的任意函数(当对 ξ 求积分时,"常数"可以依赖于 η). 这里,第一项可以算作是 ξ 的任意函数,因为 $\theta(\xi)$ 是 ξ 的任意函数,我们用 $\theta_1(\xi)$ 来记第一项,就有

$$u = \theta_1(\xi) + \theta_2(\eta)$$

或者,换到原来的变量 (x,t) 有

$$u(x,t) = \theta_1(x-at) + \theta_2(x+at) \tag{12}$$

其中 θ_1 与 θ_2 各为所写的变量的任意函数. 方程(6)的这个一般解叫作达朗贝尔解,它含有两个任意函数 θ_1 与 θ_2. 我们利用初始条件(8)来确定这两个函数,根据等式

$$\frac{\partial u}{\partial t} = a[-\theta'_1(x-at) + \theta'_2(x+at)]$$

以及等式(12),得到

$$\theta_1(x) + \theta_2(x) = \varphi(x); \quad -\theta'_1(x) + \theta'_2(x) = \frac{\varphi_1(x)}{a} \tag{13}$$

由后一个等式求积分并变号得

$$\theta_1(x) - \theta_2(x) = -\frac{1}{a}\int_0^x \varphi_1(z)\mathrm{d}z + C$$

令 $x=0$,我们来确定任意常数 C 有

$$C = \theta_1(0) - \theta_2(0)$$

可以算作 $C=0$,就是设

$$\theta_1(0) - \theta_2(0) = 0 \tag{14}$$

这并不失去一般性,因为如果 $C \neq 0$,我们可以引用函数

$$\theta_1(x) + \frac{C}{2}, \theta_2(x) - \frac{C}{2}$$

来替代函数 $\theta_1(x)$ 与 $\theta_2(x)$,这样等式(13)并不改变,且满足了式(14).

总之,我们有

$$\theta_1(x) + \theta_2(x) = \varphi(x); \theta_1(x) - \theta_2(x) = -\frac{1}{a}\int_0^x \varphi_1(z)\mathrm{d}z \tag{15}$$

由此我们不难确定函数 $\theta_1(x)$ 与 $\theta_2(x)$,即

$$\theta_1(x) = \frac{1}{2}\varphi(x) - \frac{1}{2a}\int_0^x \varphi_1(z)\mathrm{d}z$$

$$\theta_2(x) = \frac{1}{2}\varphi(x) + \frac{1}{2a}\int_0^x \varphi_1(z)\mathrm{d}z \tag{16}$$

把所得到的表达式代入到公式(12)中,就求得

$$u(x,t) = \frac{1}{2}\varphi(x-at) - \frac{1}{2a}\int_0^{x-at}\varphi_1(z)\mathrm{d}z +$$

$$\frac{1}{2}\varphi(x+at) + \frac{1}{2a}\int_0^{x+at}\varphi_1(z)\mathrm{d}z$$

结果得到

$$u(x,t) = \frac{\varphi(x-at)+\varphi(x+at)}{2} + \frac{1}{2a}\int_{x-at}^{x+at}\varphi_1(z)\mathrm{d}z \tag{17}$$

165. 特殊情形

公式(17)给出了所提出的问题的完全的解.为了更好地理解所得到的解,我们分为下列几种情形:

a. 初始衡量等于零.

就是说,弦上点的初始速度等于零.这时由条件$\varphi_1(x)=0$及公式(17)给出

$$u(x,t) = \frac{\varphi(x-at)+\varphi(x+at)}{2} \tag{18}$$

在初始时刻

$$u|_{t=0} = u(x,0) = \varphi(x)$$

现在我们看解(18)的物理意义.表达式(18)的分子由两项组成,我们先看第一项:$\varphi(x-at)$.

设一个观察者由初始时刻$t=0$开始,由弦上的点$x=c$在OX轴的正方向移动,速度为a,也就是说他的横坐标依照公式$x=c+at$或$x-at=c$改变.对于这样的观察者来讲,由公式$u=\varphi(x-at)$所确定的弦的位移总保持一个常数值,而等于$\varphi(c)$.函数$u=\varphi(x-at)$所确定的这个现象叫作正波的传播.回到达朗贝尔公式(12),我们可以说,$\theta_1(x-at)$这一项给出正波,它以速度a在OX轴的正方向传播.同理,第二项$\theta_2(x+at)$所确定的弦的振动是这样的,这时扰动在OX轴的负方向以速度a传播,并且在时刻t具有横坐标$c-at$的点与当$t=0$时的点$x=c$具有相同的离开距离u.它所对应的现象我们叫作反波的传播.

a的大小是扰动或振动(横的)的传播速度.公式(4)指出

$$a = \sqrt{\frac{T_0}{\rho}} \tag{19}$$

就是说,横振动的传播速度与弦的密度的平方根成反比而与张力的平方根成正比.

上述的解(18)是正波$\varphi(x-at)$与反波$\varphi(x+at)$的算术平均值,它可以由下述方法得到:作出两个相同的当$t=0$时弦的图形$u=\varphi(x)$的模样,想象它们彼此是重合在一起的,然后向两侧以速度a移动.弦在时刻t的图形就可以作为这样移动的两个图形的算术平均值得出来,就是说,弦在时刻t的图形平分诸纵坐标介于两个移动的图形之间的线段.

例如,设在初始时刻,弦具有如图128所示的形状

$$\varphi(x) = \begin{cases} 0 & \text{(在区间}(-\alpha,\alpha)\text{之外)} \\ x+\alpha & \text{(当}-\alpha \leqslant x \leqslant 0 \text{时)} \\ -x+\alpha & \text{(当}0 \leqslant x \leqslant \alpha \text{时)} \end{cases}$$

图 129 上表示出弦在下列时刻的图形

$$t = \frac{\alpha}{4\alpha}, \frac{2\alpha}{4\alpha}, \frac{3\alpha}{4\alpha}, \frac{\alpha}{\alpha}, \frac{5\alpha}{4\alpha}, \frac{2\alpha}{\alpha}.$$

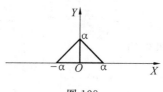

图 128

我们在平面上作出两条互相垂直的轴:一个是关于变量 x 的,另一个是关于 t 的.在图 130 上,我们只画出了一个 X 轴.这个平面上任何一点由两个坐标 (x,t) 确定,就是说,这样的点表现出在确定的时刻 t 弦上确定的点 x.这时,不难用画图的方法确定出弦上那样的点,这些点的初始扰动在时刻 t_0 达到点 x_0.依照以上所述,这就是具有横坐标 $x_0 \pm at_0$ 的点.因为 a 是振动的传播速度,为了在 OX 轴上找出它们来,只需过点 (x_0,t_0) 作两条直线

$$\begin{aligned} x - at &= x_0 - at_0 \\ x + at &= x_0 + at_0 \end{aligned} \quad (20)$$

它们与 OX 轴的交点就是所要求的点.直线 (20) 叫作点 (x_0,t_0) 的特征线.沿着其中第一条直线 $\varphi(x-at)$ 保持常数值,就是说,对于由这条直线给出的那些值 (x,t) 来讲,正波给出相同的离开距离,也就是对应于 (x_0,t_0) 这一对值的离开距离.对于反波来

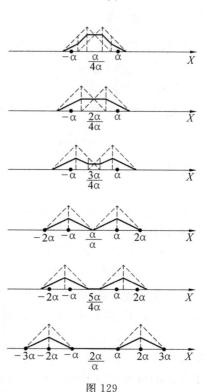

图 129

讲,直线(20)中第二条直线有同样的作用.简单的可以说是,扰动沿着特征线传播.

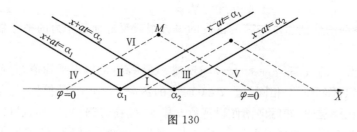

图 130

应用上述的作法,可以发觉下述的事实.

设只在弦的某一个区间 (α_1,α_2) 上具有初始扰动(图 130),就是说在这区间

之外 $\varphi(x)=0$. 我们只限制上半个 (x,t) 平面 $(t>0)$ 有物理意义,作出 OX 轴上的点 α_1 与 α_2 的特征线——图上画的实线. 这些特征线把整个上半平面分为六个区域. 区域 Ⅰ 所对应的点是这样的,在所指定的时刻,正波与反波都要达到这些点. 区域 Ⅱ 所对应的点在指定的时刻只有反波达到. 区域 Ⅲ 则相反,只有正波达到. 区域 Ⅳ 与 Ⅴ 所对应的点是这样的,在所指定的时刻,没有扰动达到这些点. 最后,区域 Ⅵ 所对应的点是这样的,扰动已经达到它们而且经过了它们,在所指定的时刻,它们呈静止状态. 这是由于,如果过这个区域中随便哪一点作特征线,它们与 OX 轴的交点 $x=c$ 落在有初始扰动的线段之外,于是 $\varphi(x\pm at)=\varphi(c)$ 等于零. 此外,若过点 M 作垂直于 OX 轴的直线,则这条直线的下段,就是对应于 x 不变而时间提前的一段,至少通过区域 Ⅰ,Ⅱ,Ⅲ 中之一,而这条直线的上段,就是对应于时间推后的一段,整个出现在区域 Ⅵ 中. 以下我们将看到,弦所具有的这个值得注意的性质——波经过之后回到原来的状态——并非对于任何的初始扰动都是如此的.

b. 初始位移等于零而只有初始衡量.

这时我们得到解

$$u(x,t)=\frac{1}{2a}\int_{x-at}^{x+at}\varphi_1(z)\mathrm{d}z \tag{21}$$

若用 $\varPhi_1(x)$ 记函数 $\frac{1}{2a}\varphi_1(x)$ 的任意一个原函数,就得到

$$u(x,t)=\varPhi_1(x+at)-\varPhi_1(x-at) \tag{22}$$

就是说,也是具有正波与反波的传播的. 如果初始扰动只限于在区间 (α_1,α_2) 之上,我们可以得到与情形 a 同样的作法,主要的区别是在区域 Ⅵ 中位移不是等于 0 而是由下面这积分来表达

$$\frac{1}{2a}\int_{\alpha_1}^{\alpha_2}\varphi_1(z)\mathrm{d}z \tag{23}$$

实际上,依照这个区域的作法,对于区域 Ⅵ 来讲,我们有 $x+at>\alpha_2$ 而 $x-at<\alpha_1$,就是说在公式(21)中求积分所需要沿着的区间包含 (α_1,α_2) 在其内. 不过依照条件在 (α_1,α_2) 之外,函数 $\varphi_1(z)=0$,于是只剩下沿 (α_1,α_2) 的积分. 对于 $u(x,t)$,我们就得到表达式(23),它代表某一个常数.

如此,随着时间的变化,初始衡量的作用使得弦上的点移动一条线段,这条线段的长度由积分(23)表达,并在这个新的位置保持不动.

还可以用下述的方法来解释公式(21). 设点 x 位于区间 (α_1,α_2) 之右,就是说 $x>\alpha_2$. 当 $t=0$ 时,积分区间 $(x-at,x+at)$ 退化为一个点 x,以后当 t 增加时,它以速度 a 向两侧伸展. 当 $t<\dfrac{x-\alpha_2}{a}$ 时,它与 (α_1,α_2) 没有公共点,在其中函数 $\varphi_1(z)=0$,于是公式(21)给出 $u(x,t)=0$,就是说在点 x 是静止的. 由时刻

$t=\dfrac{x-\alpha_2}{a}$ 开始,区间$(x-at,x+at)$就重在区间(α_1,α_2)上,在(α_1,α_2)上,$\varphi_1(z)\neq 0$,于是点 x 开始振动(波的前阵面通过点 x 的时刻). 最后,当 $t>\dfrac{x-\alpha_1}{a}$ 时,区间$(x-at,x+at)$就包含整个区间(α_1,α_2),沿区间$(x-at,x+at)$求积分就化为沿区间(α_1,α_2)求积分,因为依照条件在区间(α_1,α_2)之外,$\varphi_1(z)=0$,就是说当 $t>\dfrac{x-\alpha_1}{a}$ 时,$u(x,t)$具有由表达式(23)所确定的常数值. 时刻 $t=\dfrac{x-\alpha_1}{a}$ 是波的后阵面通过点 x 的时刻.

关于一般的情形我们做一些附注. 我们提出,在一般情形下,正波或反波可以全部消失. 实际上,例如,设在初始条件中出现的函数 $\varphi(x)$ 与 $\varphi_1(x)$ 满足关系式

$$\dfrac{1}{2}\varphi(x)+\dfrac{1}{2a}\int_0^x \varphi_1(z)\mathrm{d}z=0 \qquad (24)$$

这时,根据式(16)中第二个公式,函数 $\theta_2(x)$ 就恒等于零,于是在一般解(12)中反波就消失了. 如果我们在式(24)的右边用一个常数来替代零,则 $\theta_2(x)$ 成为常数,而在公式(12)中,这个常数项可以算在 $\theta_1(x-at)$ 中,就是说,也是没有反波的. 回到我们的情形 a 中所考虑的例. 图 128 给出初始离开距离的图形(各处的初始速度都等于 0). 图 129 中最后一个给出在某一个时刻 $t=t_0$ 时弦的图形,它是由独立的两段构成的. 对应于区间$(\alpha,3\alpha)$的右边这一段以速度 a 向右移动,而左边那一段以速度 a 向左移动. 不过我们可以用下述方法来描述当 $t>t_0$ 以后的现象:取时刻 $t=t_0$ 作为初始时刻,计算出在这时刻的离开距离 u 与速度 $\dfrac{\partial u}{\partial t}$,并应用一般公式(17),在其中只是右边需要用 $t-t_0$ 来替代 t,因为我们现在把 t_0 取作初始时刻. 在这种情形下只是在区间$(-3\alpha,-\alpha)$与$(\alpha,3\alpha)$上初始条件不等于 0. 在一般情形下,在这两个区间的每一个上,扰动使得有正波以及反波. 不过在这里的情形下,以上我们看到,例如在区间$(\alpha,3\alpha)$上扰动只给出正波. 这是由于在这区间上,除去由图 129 中最后一个所表示的离开距离外,当 $t=t_0$ 时,振动的结果中也产生速度,以使得反波消失. 同理,在区间$(-3\alpha,-\alpha)$上的扰动不给出正波. 这种现象是吉金斯原理的构成之一.

166. 有界弦

设有两端固定的有界的弦,并设弦的端点是 $x=0$ 与 $x=l$.
除初始条件(8)之外

$$u\mid_{t=0}=\varphi(x);\ \dfrac{\partial u}{\partial t}\bigg|_{t=0}=\varphi_1(x)$$

其中 $\varphi(x)$ 与 $\varphi_1(x)$ 是对于 $0 < x < l$ 给定的,还需要满足边值条件

$$u\mid_{x=0}=0; u\mid_{x=l}=0 \tag{25}$$

达朗贝尔解

$$u(x,t)=\theta_1(x-at)+\theta_2(x+at)$$

自然适用于这种情形,不过由公式(16)可知

$$\theta_1(x)=\frac{1}{2}\varphi(x)-\frac{1}{2a}\int_0^x\varphi_1(z)\mathrm{d}z$$
$$\theta_2(x)=\frac{1}{2}\varphi(x)+\frac{1}{2a}\int_0^x\varphi_1(z)\mathrm{d}z \tag{26}$$

来确定函数 θ_1 与 θ_2 在这里遇到了困难,依照问题的物理意义,函数 $\varphi(x)$ 与 $\varphi_1(x)$ 以至于 $\theta_1(x)$ 与 $\theta_2(x)$ 只是确定在区间 $(0,l)$ 上,而在公式(12)中变量 $x\pm at$ 可能位于该区间之外.

因而,为了应用特征线的方法,就需要把函数 $\theta_1(x)$ 与 $\theta_2(x)$ 开拓到区间 $(0,l)$ 之外,与这完全相当的,是把函数 $\varphi(x)$ 与 $\varphi_1(x)$ 开拓到区间 $(0,l)$ 之外. 从物理的观点来看,这个开拓也就是确定一个无穷的弦的这样的扰动,使得它的一段 $(0,l)$ 的运动,就像固定它的两端而去掉弦的其余部分时一样.

在式(12)的右边代入 $x=0$ 与 $x=l$ 并让结果等于零,就可以把边值条件表示成

$$\theta_1(-at)+\theta_2(at)=0$$
$$\theta_1(l-at)+\theta_2(l+at)=0 \tag{27}$$

或者,用 x 来记变量 at 有

$$\theta_1(-x)=-\theta_2(x)$$
$$\theta_2(l+x)=-\theta_1(l-x) \tag{28}$$

当 x 在区间 $(0,l)$ 上改变时,变量 $l-x$ 也在这区间上改变,于是等式(28)的右边是已知的. 不过这时变量 $-x$ 与 $l+x$ 对应在区间 $(-l,0)$ 与 $(l,2l)$ 上改变,于是式(28)中第二个方程给出 $\theta_2(x)$ 在区间 $(l,2l)$ 上的值,而第一个给出 $\theta_1(x)$ 在区间 $(-l,0)$ 上的值. 再者,当 x 在区间 $(l,2l)$ 上改变时,变元 $l-x$ 在区间 $(-l,0)$ 上改变,以上面的计算为基础,等式(28)的右边是已知的. 这时变量 $-x$ 与 $l+x$ 各在区间 $(-2l,-l)$ 与 $(2l,3l)$ 上改变,于是公式(28)给出 $\theta_2(x)$ 在区间 $(2l,3l)$ 上的值以及 $\theta_1(x)$ 在区间 $(-2l,-l)$ 上的值. 这样开拓下去,我们相信公式(28)给出函数 $\theta_1(x)$ 当 $x\leqslant 0$ 时的确定的值以及 $\theta_2(x)$ 当 $x\geqslant 0$ 时的确定的值,这就是 $t>0$ 时,我们应用公式(12)所需要的. 同理,若 x 在区间 $(-l,0)$ 上改变,则公式(28)的左边已知,于是我们得到 $\theta_2(x)$ 在区间 $(-l,0)$ 上的值以及 $\theta_1(x)$ 在区间 $(l,2l)$ 上的值. 然后,x 在区间 $(-2l,-l)$ 上改变,就得到 $\theta_2(x)$ 在区间 $(-2l,-l)$ 上的值以及 $\theta_1(x)$ 在区间 $(2l,3l)$ 上的值等,就是说,公式(28)给出当 x 取所有的实数值时 $\theta_1(x)$ 与 $\theta_2(x)$ 的确定的值.

如果我们在式(28)的第二个方程中用 $l+x$ 来替代 x，并利用第一个方程，就得到
$$\theta_2(x+2l) = -\theta_1(-x) = \theta_2(x)$$
这就看出了函数 $\theta_2(x)$ 以 $2l$ 为周期. 之后再由式(28)中第一个方程可以说明函数 $\theta_1(x)$ 也以 $2l$ 为周期. 由此推出，为了固定当 x 取所有的实值时 $\theta_1(x)$ 与 $\theta_2(x)$ 的值，只需作出上面所叙述的这两个函数的开拓的第一步，就是只要 x 在区间 $(0,l)$ 上改变. 公式(28)给出 $\theta_1(x)$ 在区间 $(-l,0)$ 上的值以及 $\theta_2(x)$ 在区间 $(l,2l)$ 上的值，就是说，这就知道了 $\theta_1(x)$ 在区间 $(-l,l)$ 上的值以及 $\theta_2(x)$ 在区间 $(0,2l)$ 上的值. 这两个函数的其余的值可以由它们的周期性得来.

用这样的方法确定了函数 $\theta_1(x)$ 与 $\theta_2(x)$，就不难开拓函数 $\varphi(x)$ 与 $\varphi_1(x)$，因为根据方程(26)，我们有
$$\varphi(x) = \theta_1(x) + \theta_2(x); \frac{1}{a}\int_0^x \varphi_1(z)\mathrm{d}z = \theta_2(x) - \theta_1(x)$$
就是说
$$\varphi_1(x) = a[\theta'_2(x) - \theta'_1(x)]$$
在条件(28)的第一个方程中用 $-x$ 来替代 x，并求微商，就得到
$$\theta_1(x) = -\theta_2(-x); \theta'_1(-x) = \theta'_2(x); \theta'_1(x) = \theta'_2(-x)$$
利用这些关系式以及(28)中第一个方程，可以写成
$$\varphi(-x) = \theta_1(-x) + \theta_2(-x) = -\theta_2(x) - \theta_1(x) = -\varphi(x)$$
$$\varphi_1(-x) = a[\theta'_2(-x) - \theta'_1(-x)] = a[\theta'_1(x) - \theta'_2(x)] = -\varphi_1(x)$$
就是说，对于 $\varphi(x)$ 与 $\varphi_1(x)$，我们得到非常简单的开拓规律：它们依照奇函数的规律，由区间 $(0,l)$ 开拓到区间 $(-l,0)$，然后以 2π 为周期继续开拓.

我们再回到 xOt 平面，由于弦是有界的，我们只需考虑上半平面 $t>0$ 的界于直线 $x=0$ 与 $x=l$ 之间的一竖条(图131). 如上所述，已经对于 x 的所有的值确定了函数 $\theta_1(x)$ 与 $\theta_2(x)$，现在我们来看解(12)的物理意义. 过点 O 与点 L 作特征线直到与竖条的对边相遇，再过所得到的交点作特征线直到与对边相遇，如此作下去.

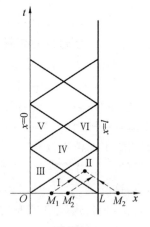

图 131

这样就把这竖条分为区域 Ⅰ,Ⅱ,Ⅲ,…. 区域 Ⅰ 中的点对应于弦上那样的点，对于这些点来讲，只是内点的扰动来得及达到这些点，而虚构的弦的无穷部分的补充扰动对于运动没有影响. 在区域 Ⅰ 以外的点，就有由弦的虚构部分传来的扰动. 例如，我们取区域 Ⅱ 中一个点 $M_0(x_0, t_0)$.

由于
$$u(x_0, t_0) = \theta_1(x_0 - at_0) + \theta_2(x_0 + at_0)$$
于是在这点就有两个波：一个是由横坐标为 $x = x_0 - at_0$ 的点 M_1 的初始扰动传来的正波，另一个是由横坐标为 $x = x_0 + at_0$ 的点 M_2 传来的反波. 这里，在所给的情形下，M_1 是在区间 $(0, l)$ 中的真实的点，M_2 是虚构的点. 不难用真实的点来替代 M_2，注意，根据条件(28)可得
$$\theta_2(x_0 + at_0) = \theta_2(l + x_0 + at_0 - l) = -\theta_1(2l - x_0 - at_0)$$
如此，反波 $\theta_2(x_0 + at_0)$ 也恰好像点 $M'_2(2l - x_0 - at_0)$ 的初始扰动的正波 $-\theta_1(2l - x_0 - at_0)$（对于点 L 来讲，M'_2 是 M_2 的对称点），在时刻
$$t = \frac{l - (2l - x_0 - at_0)}{a} = \frac{x_0 + at_0 - l}{a}$$
它达到弦的端点 L，然后改变成相反的方向并改变了符号，而在时刻 t_0，它以这样的形状达到点 M_0. 换句话说，固定的端点的作用产生位移波的反射，使得位移的符号改变而保持它的绝对大小.

对于达到端点 $x = 0$ 的波，我们会发觉到有同样的现象. 在区域Ⅲ的点就有两个波：反波及由端点 $x = 0$ 反射来的正波. 在区域Ⅳ，Ⅴ，Ⅵ，⋯的点，我们所得到的波是由弦的两个端点经过几次这样的反射而来的.

如果替代条件(25)中的第二个条件，例如，我们在端点 $x = l$ 有条件
$$\left.\frac{\partial u}{\partial x}\right|_{x=l} = 0^{①}$$
则替代条件(27)中第二个方程，我们就得到
$$\theta'_1(l - at) + \theta'_2(l + at) = 0$$
或者再用 x 来替换 at
$$\theta'_2(l + x) = -\theta'_1(l - x)$$
由这个关系式求积分，显然就有
$$\theta_2(l + x) = \theta_1(l - x) + C$$
其中 C 是某一个常数，我们可以算作它等于 0，这并不失去普遍性，读者可以自己验明. 如此，我们就有
$$\theta_2(l + x) = \theta_1(l - x) \tag{29}$$
这个条件的物理意义也归结于由点 $x = l$ 的反射，不过要保持位移的符号以及大小.

我们讲一个应用以上所讨论的特征线与反射的方法的特别简单的例："拉

---

① 枢轴的纵振动，服从于以前那样的微分方程(5)或(6)，而常数 a 具有另外的意义，在枢轴的纵振动理论中会遇到这样的条件，这个条件意味着枢轴的端点是自由的.

起的弦",在初始时刻,它的一个点被拉开而没有初始速度. 读者不难证明,用下述的精致方法,可以由弦的初始图形确定出弦在任何时刻 t 的图形.

图 132 上的线 OAL 表示弦的初始图形,虚线表示对于弦的中点 $x=\dfrac{l}{2}$ 来讲的对称图形. 作 OL 的垂线 AP 直到与直线 $A'L$ 交于点 B',求线段 AB' 的中点 C,如此我们确定出方向 LC. 如果我们由点 A 向点 A',以速度 a 平行于方向 LC 移动割线,就得到弦在任何时刻的图形,特别是在时刻 $\tau=\dfrac{l}{a}$,弦取虚折线 $OA'L$ 的位置. 图 133 上表示出在下列各时刻,弦的一系列的图形

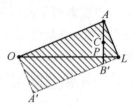

图 132

$$0, \frac{1}{4}\tau, \frac{1}{2}\tau, \frac{3}{4}\tau, \tau$$

167. 傅里叶法

端点固定的弦的横振动也可以借助于傅里叶级数来解释,虽然在这特殊情形下这个方法不如以上所讲的方法简单,但是我们还要叙述它,因为在许多其他的情形中,不能应用特征线的方法,而可以应用这个方法. 我们把这问题的方程再写一次

$$\frac{\partial^2 u}{\partial t^2} = a^2 \frac{\partial^2 u}{\partial x^2} \tag{30}$$

$$u\big|_{x=0} = 0; u\big|_{x=l} = 0 \tag{31}$$

$$u\big|_{t=0} = \varphi(x); \frac{\partial u}{\partial t}\bigg|_{t=0} = \varphi_1(x) \tag{32}$$

替代求方程(30)的一般解,我们先求它的特殊解,是两个函数的乘积形状的,其中一个函数只依赖于 t,另一个只依赖于 x

$$u = T(t)X(x) \tag{33}$$

代入到方程(30)中,我们有

$$X(x)T''(t) = a^2 T(t) X''(x)$$

或

$$\frac{T''(t)}{a^2 T(t)} = \frac{X''(x)}{X(x)}$$

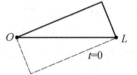
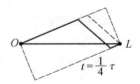
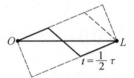
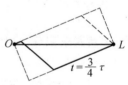
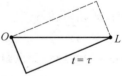

图 133

在所得到的方程的左边的函数只依赖于 t,右边只依赖于 x,在这种情形下只是当左右两边都既不依赖于 t 也不依赖于 x 时才可能相等. 就是说,两边都代表的是同一个常数.

我们用 $-k^2$ 来记这个常数
$$\frac{T''(t)}{a^2 T(t)} = \frac{X''(x)}{X(x)} = -k^2 \tag{34}$$
由此得到两个方程
$$X''(x) + k^2 X(x) = 0; T''(t) + a^2 k^2 T(t) = 0 \tag{35}$$
这两个方程的一般积分是[27]
$$X(x) = C\cos kx + D\sin kx; T(t) = A\cos akt + B\sin akt$$
其中 A,B,C,D 是任意常数.

依照方程(33),关于 u 我们得到
$$u = (A\cos akt + B\sin akt)(C\cos kx + D\sin kx) \tag{36}$$

现在我们来选择常数,使得它适合边值条件(31),就是说,使得当 $x=0$ 与 $x=l$ 时,表达式(36)中含 x 的因子等于 0.

这就给出
$$C \cdot 1 + D \cdot 0 = 0; C\cos kl + D\sin kl = 0$$

由第一个方程推知 $C=0$,于是第二个方程给出 $D\sin kl = 0$.

若算作 $D=0$,则根据 $C=D=0$,解(36)就恒等于零. 我们对于这样的解没有兴趣,所以我们应当算作 $D \neq 0$,而 $\sin kl = 0$.

如此我们得到用以确定参变数 k 的方程,以前 k 保持是完全任意的[①]
$$\sin kl = 0$$
就是说
$$k = 0, \pm \frac{\pi}{l}, \pm \frac{2\pi}{l}, \cdots, \pm \frac{n\pi}{l}, \cdots \tag{37}$$

把 $C=0$ 与 $k=0$ 代入到式(36)中,我们又得到它恒等于零,于是我们对于 $k=0$ 这个值也没有兴趣. 此外,若在式(36)中代入 $k = \frac{n\pi}{l}$ 或 $k = -\frac{n\pi}{l}$,则只是正弦的符号不同,由于具有任意常数因子,这两个解实质上是相同的. 如此,在关于 k 的值(37)中,我们只需取正值. 在公式(36)中令 $C=0$ 并用 A 与 B 来记任意常数 AD 与 BD,就得到
$$u = (A\cos akt + B\sin akt)\sin kx$$
这里应当用式(37)中一个值代入作 k. 用不同的值代入作 k 时,我们可以算作常数 A,B 也是不同的. 如此,我们得到无穷多的解
$$u_n = \left(A_n \cos\frac{n\pi at}{l} + B_n \sin\frac{n\pi at}{l}\right)\sin\frac{n\pi x}{l} \tag{38}$$

[①] 如果我们在方程(34)中用 k^2 来记常数以替代 $-k^2$,则得到 $X(x) = Ce^{kx} + De^{-kx}$,于是总不可能适合边值条件(31). 对于以后我们将应用傅里叶法的问题都要用与这类似的附注.

这些解满足方程(30)以及边值条件(31).现在我们提出,方程(30)与(31)具有线性以及齐次性,如果我们有满足它们的解 $u_1, u_2, \cdots$,则这些解的和也满足它们(就像对于齐次线性常微分方程的情形一样).如此,我们就有方程(30)与(31)的下面形状的解

$$u = \sum_{n=1}^{\infty} \left(A_n \cos \frac{n\pi at}{l} + B_n \sin \frac{n\pi at}{l} \right) \sin \frac{n\pi x}{l} \tag{39}$$

剩下要选择常数 A_n 与 B_n 使得满足初始条件(32),求出解(39)对 t 的微商

$$\frac{\partial u}{\partial t} = \sum_{n=1}^{\infty} \left(-\frac{n\pi a}{l} A_n \sin \frac{n\pi at}{l} + \frac{n\pi a}{l} B_n \cos \frac{n\pi at}{l} \right) \sin \frac{n\pi x}{l} \tag{40}$$

在式(39)与(40)中代入 $t=0$,根据式(32),我们得到

$$\varphi(x) = \sum_{n=1}^{\infty} A_n \sin \frac{n\pi x}{l}; \varphi_1(x) = \sum_{n=1}^{\infty} \frac{n\pi a}{l} B_n \sin \frac{n\pi x}{l} \tag{41}$$

所写的级数恰好代表给定的函数 $\varphi(x)$ 与 $\varphi_1(x)$ 在区间 $(0,l)$ 上依正弦的展开式.这样的展开式的系数是由我们在 [146] 中已知的公式来确定的,这就给出下列 A_n 与 B_n 的值

$$A_n = \frac{2}{l} \int_0^l \varphi(z) \sin \frac{n\pi z}{l} \mathrm{d}z; B_n = \frac{2}{n\pi a} \int_0^l \varphi_1(z) \sin \frac{n\pi z}{l} \mathrm{d}z \tag{42}$$

把这些值代入到公式(39)中,就得到方程(30)的满足边值条件(31)以及初始条件(32)的解.

168. 调和素与驻波

引用调和振动的振幅 N_n 与初相 φ_n

$$A_n \cos \frac{n\pi at}{l} + B_n \sin \frac{n\pi at}{l} = N_n \sin \left(\frac{n\pi at}{l} + \varphi_n \right)$$

给出问题之解的级数(39)中的每一项

$$\left(A_n \cos \frac{n\pi at}{l} + B_n \sin \frac{n\pi at}{l} \right) \sin \frac{n\pi x}{l} = N_n \sin \left(\frac{n\pi at}{l} + \varphi_n \right) \sin \frac{n\pi x}{l} \tag{43}$$

代表一个所谓的驻波,这时弦上的点实行调和振动的运动,相相同而振幅

$$N_n \sin \frac{n\pi x}{l}$$

依赖于这个点的位置.当这样振动时,弦发出声,它的调依赖于振动的频率

$$\omega_n = \frac{n\pi a}{l} \tag{44}$$

而力依赖于振动的最大振幅 N_n.给 n 以值 $1,2,3,\cdots$,我们就得到弦的基本音以及一系列相继的泛音,它们的频率或每秒内的振动数与自然数串 $1,2,3,\cdots$ 的项成正比.

解(39)就是弦发出的声,是由分音或调和素集成的.它们的振幅,也就涉

及它们对弦所发出的声的影响,通常是当调和素的番号愈大时,振幅愈小,它们的作用全部归结于声的音色的构成,对于不同的乐器,音色是不同的,这可以由这些泛音的存在来解释.

在点
$$x = 0, \frac{l}{n}, \frac{2l}{n}, \cdots, \frac{(n-1)l}{n}, l \tag{45}$$

第 n 调和素的振动振幅等于 0,因为在这些点 $\sin\frac{n\pi x}{l}=0$,点(45)叫作第 n 调和素的节点. 此外在点
$$x = \frac{l}{2n}, \frac{3l}{2n}, \cdots, \frac{(2n-1)l}{2n} \tag{45_1}$$

第 n 调和素的振动振幅达到最大,因为在这些点,函数 $\sin\frac{n\pi x}{l}$ 有最大的绝对值,点(45_1)叫作第 n 调和素的腹. 这里,弦振动的情形,就好像它是由互不连接的 n 个独立的段组成的,而固定在各个约制的节点. 如果我们把弦在中间点压住,就是说在基本音的腹点压住,则不只这个音的振幅成为 0,而所有其他的以这个点为腹点的音的振幅都成为 0,就是说,第三,第五……调和素的振幅都等于 0,相反,对于偶数的调和素,在压住的点是节点,就没有这种现象,于是弦就不发出基本音,而发出它的八度音,就是在每秒内振动数为基本音的两倍的声音.

以上所叙述的方法与特征线法不同,这叫作驻波法,通常它也叫作傅里叶法.

不难发觉级数(39)所代表的解与以上在[166]中求得的解完全恒等. 为了这个目的,首先我们提出,在[166]中我们指出过,应用达朗贝尔公式(16)于有界弦时,需要把给定在区间 $(0,l)$ 上的函数 $\varphi(x)$ 与 $\varphi_1(x)$ 依照奇函数的性质开拓到区间 $(-l,0)$ 上,然后再以 2π 为周期开拓. 不过,这样的开拓方法完全相当于把这函数展开为只依正弦的傅里叶级数[145],就是说,完全相当于 x 取任何值的公式(41). 把 $\varphi(x)$ 与 $\varphi_1(x)$ 的这两个表达式代入到达朗贝尔公式(16)中,不难看到,这就引至解(39)

$$u = \frac{1}{2}\sum_{n=1}^{\infty} A_n\left[\sin\frac{n\pi(x-at)}{l} + \sin\frac{n\pi(x+at)}{l}\right] +$$
$$\frac{1}{2a}\int_{x-at}^{x+at} \sum_{n=1}^{\infty} \frac{n\pi a}{l} B_n \sin\frac{n\pi z}{l}\mathrm{d}z$$

或
$$u = \frac{1}{2}\sum_{n=1}^{\infty} A_n\left[\sin\frac{n\pi(x-at)}{l} + \sin\frac{n\pi(x+at)}{l}\right] +$$

$$\frac{1}{2}\sum_{n=1}^{\infty}B_n\left[\cos\frac{n\pi(x-at)}{l}-\cos\frac{n\pi(x+at)}{l}\right]$$

由此直接推出解(39).

在这种情形下,与特征线法比较起来,傅里叶法有些缺陷,就是级数(39)时常收敛得很慢,于是不只是计算时不方便,而且严格证明这级数实际是解时也不方便,因为这时必须把它逐项求微商两次,而在每一项中都引入 n^2 这个因子.至于未知函数对于初始的给定函数的依赖性,从外表来看,由级数(39)所表达的比由特征线方法所确定的这种依赖性复杂得多.可是傅里叶方法揭露出很重要的情况,这就是弦的无穷多个独立的、本质的调和振动的存在,而它的一般振动就是由这些独立振动集成的.

如果在无界弦的情形下,$\varphi(x)$ 有直到二阶的连续微商,而 $\varphi_1(x)$ 有连续一阶微商,则显然公式(17)给出问题的解.对于有界弦,我们也有这样的解,只需由以上所讲的方法把 $\varphi(x)$ 与 $\varphi_1(x)$ 开拓之后,它们具有这里所说的性质.当减少关于初始条件的假定时,我们还可以考虑波动方程的解,这个我们在第四卷中再谈.以下我们应用傅里叶方法时,不谈使得所得到的级数,实际上给出问题的解的那些条件.在第四卷中,我们将叙述关于傅里叶法的一般观点.目前讨论的目的只是指出求解的方法以及用这方法所得到的结果.还要提出,由[164]中所讲的理由以及[166]中的特征线方法直接推知,无论对于无界弦或有界弦,以上所给的问题的解是唯一的.以后我们再讲关于一般波动方程的解的唯一性问题.

169. 强迫振动

在[163]中,我们介绍过,在对于单位长来讲的力 $F(x,t)$ 的作用下,弦的强迫振动方程

$$\frac{\partial^2 u}{\partial t^2}=a^2\frac{\partial^2 u}{\partial x^2}+f(x,t)\quad\left(f(x,t)=\frac{1}{\rho}F(x,t)\right) \tag{46}$$

对于这个方程应当还有边值条件(固定弦的情形)与初始条件

$$u\mid_{x=0}=0;u\mid_{x=l}=0 \tag{47}$$

$$u\mid_{t=0}=\varphi(x);\frac{\partial u}{\partial t}\bigg|_{t=0}=\varphi_1(x) \tag{48}$$

这些强迫振动的一般形式可以看作是由两个振动的运动组成的结果,其中一个是纯强迫振动,就是在力 F 的作用下完成的这样的振动,这时算作在初始时刻弦在静止状态不动,另一个是自有振动,它是没有作用力时,只由于初始颤动的存在,弦所完成的振动.这就引导我们援用两个新的函数 v 与 w,依照公式

$$u=v+w$$

来替代 u,其中 v 满足条件

$$\frac{\partial^2 v}{\partial t^2} = a^2 \frac{\partial^2 v}{\partial x^2} + f(x,t) \qquad (49)$$

$$v\,|_{x=0} = 0\,;\, v\,|_{x=l} = 0 \qquad (50)$$

$$v\,|_{t=0} = 0\,;\, \frac{\partial v}{\partial t}\bigg|_{t=0} = 0 \qquad (51)$$

它给出纯强迫振动,而函数 w 满足条件

$$\frac{\partial^2 w}{\partial t^2} = a^2 \frac{\partial^2 w}{\partial x^2}$$

$$w\,|_{x=0} = 0\,,\, w\,|_{x=l} = 0$$

$$w\,|_{t=0} = \varphi(x)\,,\, \frac{\partial w}{\partial t}\bigg|_{t=0} = \varphi_1(x)$$

它给出自有振动. 作出和 $u = v + w$,不难验证,它给出这个问题的解,就是方程(46)(47)与(48)的解.

自有振动 w 的求法在前一段中我们已经讲过,于是只剩下要求函数 v,像在自有振动的情形一样,我们把未知函数写成级数的形式

$$v(x,t) = \sum_{n=1}^{\infty} T_n(t) \sin \frac{n\pi x}{l} \qquad (52)$$

于是它本身满足条件(50),而函数 $T_n(t)$ 自然与我们在[167]中所求得的不同,因为方程(49)不是齐次的.

把级数(52)代入到方程(49)中,我们得到

$$\sum_{n=1}^{\infty} T''_n(t) \sin \frac{n\pi x}{l} = -a^2 \sum_{n=1}^{\infty} T_n(t) \left(\frac{n\pi}{l}\right)^2 \sin \frac{n\pi x}{l} + f(x,t)$$

由此,用式(44)的 ω_n[168]替代 $\frac{n\pi a}{l}$ 得

$$f(x,t) = \sum_{n=1}^{\infty} [T''_n(t) + \omega_n^2 T_n(t)] \sin \frac{n\pi x}{l} \qquad (53)$$

把函数 $f(x,t)$ 考虑作 x 的函数,可以把它展开成下面形式的傅里叶级数

$$f(x,t) = \sum_{n=1}^{\infty} f_n(t) \sin \frac{n\pi x}{l} \qquad (54)$$

它的系数由下列公式确定

$$f_n(t) = \frac{2}{l} \int_0^l f(z,t) \sin \frac{n\pi z}{l} dz \qquad (55)$$

它们依赖于 t. 比较对于同一个函数 $f(x,t)$ 的展开式(53)与(54),我们就得确定函数 $T_1(t), T_2(t), \cdots$ 的一串方程

$$T''_n(t) + \omega_n^2 T_n(t) = f_n(t) \qquad (56)$$

对于这样确定的 $T_n(t)$,函数(52)满足微分方程(49)以及边值条件(50). 为了也满足剩下的条件(51),只需函数 $T_n(t)$ 受这个条件的制约,就是说,规定

$$T_n(0)=0, T'_n(0)=0 \qquad (57)$$

因为这时显然

$$v|_{t=0}=\sum_{n=1}^{\infty}T_n(0)\sin\frac{n\pi x}{l}=0, \frac{\partial v}{\partial t}\bigg|_{t=0}=\sum_{n=1}^{\infty}T'_n(0)\sin\frac{n\pi x}{l}=0$$

方程(56)满足条件(57)的解,我们在[28]中已经讲过,由此不难引出

$$T_n(t)=\frac{1}{\omega_n}\int_0^t f_n(\tau)\sin\omega_n(t-\tau)\mathrm{d}\tau$$

或者,代入关于 $f_n(\tau)$ 的表达式(55) 得

$$T_n(t)=\frac{2}{l\omega_n}\int_0^t \mathrm{d}\tau\int_0^l f(z,\tau)\sin\omega_n(t-\tau)\sin\frac{n\pi z}{l}\mathrm{d}z \qquad (58)$$

把这个式子代入到级数(52)中,就得到 $v(x,t)$ 的表达式.

到现在为止,我们讨论过了在初始条件中(属于函数 w 的)或是在微分方程中(属于函数 v 的)的非齐次性.当然也要讨论在边值条件中的非齐次性.算作方程与初始条件都是齐次的,并且仍然用字母 u 来记未知函数,就得到下面的问题

$$\frac{\partial^2 u}{\partial t^2}=a^2\frac{\partial^2 u}{\partial x^2}; u|_{x=0}=\omega(t); u|_{x=l}=\omega_1(t); u|_{t=0}=\frac{\partial u}{\partial t}\bigg|_{t=0}=0$$

在第四卷中,我们再考虑这个在边值条件中的非齐次性的情形.

170. 集中的力

我们现在对于集中在一个点 $C(x=c)$ 的力来讨论公式(58). 我们不像在[163]中所做的似的,把这个力的大小记作 P,而把它记作 ρP. 像在[163]中已经讲过的一样,这个情形可以考虑作下述情形的极限情形:力 F 只作用在微小区间 $(c-\delta, c+\delta)$ 上,而在这个区间之外,它等于0,并且当 $\delta\to 0$ 时,全部力的大小

$$\int_{c-\delta}^{c+\delta}F(z,t)\mathrm{d}z\to\rho P(t)$$

依照公式(4),我们有:

当 $\delta\to 0$ 时

$$\int_{c-\delta}^{c+\delta}f(z,t)\mathrm{d}z\to P(t)$$

注意,依照条件,在区间 $c-\delta\leqslant z\leqslant c+\delta$ 之外,$f(z,t)$ 等于零,再利用第一中值定理[Ⅰ,95],并且假定 $f(z,t)$ 在区间

$$c-\delta\leqslant z\leqslant c+\delta$$

上不变号,就得到

$$\int_0^l f(z,t)\sin\frac{n\pi z}{l}\mathrm{d}z=\int_{c-\delta}^{c+\delta}f(z,t)\sin\frac{n\pi z}{l}\mathrm{d}z=\sin\frac{n\pi\xi}{l}\int_{c-\delta}^{c+\delta}f(z,t)\mathrm{d}z$$

其中 ξ 是区间 $(c-\delta, c+\delta)$ 上的某一个值.

取极限,当 $\delta \to 0$ 时
$$\int_0^l f(z,t) \sin \frac{n\pi z}{l} dz \to P(t) \sin \frac{n\pi c}{l}$$

这时 $T_n(t)$ 要确定作为在式(58)的右边的表达式当 $\delta \to 0$ 时的极限,于是它成为

$$T_n(t) = \frac{2}{l\omega_n} \sin \frac{n\pi c}{l} \int_0^t P(\tau) \sin \omega_n(t-\tau) d\tau$$

而强迫振动就由下面这公式确定

$$v(x,t) = \sum_{n=1}^{\infty} \frac{2}{l\omega_n} \sin \frac{n\pi c}{l} \int_0^t P(\tau) \sin \omega_n(t-\tau) d\tau \cdot \sin \frac{n\pi x}{l} \quad (59)$$

这个公式指出,在强迫振动中可能消失一些泛音,对于那些泛音

$$\sin \frac{n\pi c}{l} = 0$$

就是在力的作用点 C 有节点的那些泛音.

现在讲调和的、振动的强迫力的情形,这时需要规定

$$P(t) = P_0 \sin(\omega t + \varphi_0)$$

或者,为简单起见,算作相 $\varphi_0 = 0$ 有

$$P(t) = P_0 \sin \omega t$$

这时,关于 $T_n(t)$ 的公式给出

$$T_n(t) = \frac{P_0}{l\omega_n} \sin \frac{n\pi c}{l} \int_0^t 2\sin \omega\tau \sin \omega_n(t-\tau) d\tau =$$
$$= \frac{P_0}{l\omega_n} \sin \frac{n\pi c}{l} \int_0^t \{\cos[\omega_n t - (\omega_n - \omega)\tau] -$$
$$\cos[\omega_n t - (\omega_n + \omega)\tau]\} d\tau =$$
$$\frac{-2\omega P_0}{l\omega_n(\omega_n^2 - \omega^2)} \sin \frac{n\pi c}{l} \sin \omega_n t + \frac{2P_0}{l(\omega_n^2 - \omega^2)} \sin \frac{n\pi c}{l} \sin \omega t$$

如果强迫力的频率 ω 不与自有振动的频率 ω_n 中任何一个相同,则所有的分母 $\omega_n^2 - \omega^2$ 都不等于零;不过如果 ω 接近频率 ω_n 中的一个,则对应的分母减小,于是 $T_n(t)$ 对应的一项与其他的项比较起来,就是很大的,就是说,发生共振现象. 最后,若 $\omega = \omega_n$,则上面这关于 $T_n(t)$ 的表达式就失去了意义而应当换成另外的表达式.

把所得到的 $T_n(t)$ 的表达式代入到公式(52)中,就有

$$v(x,t) = \frac{-2\omega P_0}{l} \sum_{n=1}^{\infty} \frac{1}{\omega_n} \frac{\sin \frac{n\pi c}{l}}{\omega_n^2 - \omega^2} \sin \omega_n t \sin \frac{n\pi x}{l} +$$

$$\frac{2P_0}{l}\sin\omega t \sum_{n=1}^{\infty}\frac{\sin\frac{n\pi c}{l}}{\omega_n^2-\omega^2}\sin\frac{n\pi x}{l}$$

右边的第一项具有自有振动的形状,第二项与强迫力有相同的频率. 去掉关于自有振动 $\omega(x,t)$ 的第一项,只取第二项,把它记作 $V(x,t)$, 即

$$V(x,t)=\frac{2P_0}{l}\sin\omega t \sum_{n=1}^{\infty}\frac{\sin\frac{n\pi c}{l}}{\omega_n^2-\omega^2}\sin\frac{n\pi x}{l}$$

或者,规定 $\sigma^2=\frac{\omega^2 l^2}{a^2\pi^2}$ 有

$$V(x,t)=\frac{2P_0 l}{a^2\pi^2}\sin\omega t \sum_{n=1}^{\infty}\frac{\sin\frac{n\pi c}{l}}{n^2-a^2}\sin\frac{n\pi x}{l} \tag{60}$$

和

$$\sum_{n=1}^{\infty}\frac{\sin\frac{n\pi c}{l}}{n^2-a^2}\sin\frac{n\pi x}{l}$$

可以依照在[159]中所讲的方法来计算,不过我们现在不作这个,我们来讲这个问题的另一个解法,不把集中的力考虑作连续分布的情形的极限,而直接来做.

力的作用点把弦分为两部分 $(0,c)$ 以及 (c,l). 我们分别考虑这两段,第一段的纵标记作 $u_1(x,t)$, 第二段的纵标记作 $u_2(x,t)$. 对于这两个函数 u_1 与 u_2, 我们得到下列的方程

$$\frac{\partial^2 u_1}{\partial t^2}=a^2\frac{\partial^2 u_1}{\partial x^2} \quad (\text{当 } 0<x<c \text{ 时}) \tag{61}$$

$$\frac{\partial^2 u_2}{\partial t^2}=a^2\frac{\partial^2 u_2}{\partial x^2} \quad (\text{当 } c<x<l \text{ 时}) \tag{61$_1$}$$

因为在区间 $(0,c)$ 与 (c,l) 内没有外力. 再者,我们有固定端点的条件

$$u_1\big|_{x=0}=0, u_2\big|_{x=l}=0 \tag{62}$$

在点 $x=c$ 处弦的连续性条件

$$u_1\big|_{x=c}=u_2\big|_{x=c} \tag{63}$$

以及作用在点 $x=c$ 处力的平衡条件[163]

$$\frac{\partial u_2}{\partial x}\bigg|_{x=c}-\frac{\partial u_1}{\partial x}\bigg|_{x=c}=-\frac{\rho}{T_0}P(t)=-\frac{1}{a^2}P(t)① \tag{64}$$

---

① 在[163]公式(7)中,用我们现在的记法,应当写成 $\rho P(t)$ 来替代 P, $\frac{\partial u_2}{\partial x}$ 与 $\frac{\partial u_1}{\partial x}$ 来替代 $\left(\frac{\partial u}{\partial x}\right)_+$ 与 $\left(\frac{\partial u}{\partial x}\right)_-$.

我们只限于考虑调和力的情形
$$P(t) = P_0 \sin \omega t$$
从由它所引起的强迫振动中分出具有同样周期 ω 的振动. 这些振动要由下面的公式来求
$$u(x,t) = X(x)\sin \omega t$$
不过,其中的函数在区间$(0,c)$与(c,l)上应当有不同的表达式,由于这个,我们设
$$u_1 = X_1(x)\sin \omega t; u_2 = X_2(x)\sin \omega t \tag{65}$$
把它们代入到方程(61)与(61_1)中,我们就有
$$-\omega^2 \sin \omega t X_1(x) = a^2 X''_1(x) \sin \omega t$$
由此
$$X''_1(x) + \frac{\omega^2}{a^2} X_1(x) = 0$$
类似有
$$X''_2(x) + \frac{\omega^2}{a^2} X_2(x) = 0$$
根据条件(27),这就给出
$$X_1(x) = C'_1 \cos \frac{\omega}{a} x + C'_2 \sin \frac{\omega}{a} x; X_2(x) = C''_1 \cos \frac{\omega}{a} x + C''_2 \sin \frac{\omega}{a} x$$
由条件(62)求得
$$C'_1 = 0, C''_1 \cos \frac{\omega l}{a} + C''_2 \sin \frac{\omega l}{a} = 0$$
由此推知,可以设
$$C''_1 = C_2 \sin \frac{\omega l}{a}, C''_2 = -C_2 \cos \frac{\omega l}{a}$$
其中 C_2 是任意常数. 为对称起见,我们把任意常数 C'_2 记作 C_1,于是得到
$$X_1(x) = C_1 \sin \frac{\omega x}{a}; X_2(x) = C_2 \sin \frac{\omega(l-x)}{a}$$
这时,连续性条件(63)给出
$$C_1 \sin \frac{\omega c}{a} \sin \omega t = C_2 \sin \frac{\omega(l-c)}{a} \sin \omega t$$
只剩下要适合最后的条件(64),由它得到
$$-\frac{\omega}{a} C_2 \cos \frac{\omega(l-c)}{a} \sin \omega t - \frac{\omega}{a} C_1 \cos \frac{\omega c}{a} \sin \omega t = -\frac{P_0}{a^2} \sin \omega t$$
于是,常数 C_1 与 C_2 由下列方程来确定
$$C_1 \sin \frac{\omega c}{a} - C_2 \sin \frac{\omega(l-c)}{a} = 0; C_1 \cos \frac{\omega c}{a} + C_2 \cos \frac{\omega(l-c)}{a} = \frac{P_0}{a\omega}$$

经过简单的计算求得

$$C_1 = \frac{P_0}{a\omega} \frac{\sin\frac{\omega(l-c)}{a}}{\sin\frac{\omega l}{a}}; C_2 = \frac{P_0}{a\omega} \frac{\sin\frac{\omega c}{a}}{\sin\frac{\omega l}{a}}$$

于是公式(65)给出问题的解,形状如下

$$u(x,t) = \begin{cases} \dfrac{P_0}{a\omega} \dfrac{\sin\frac{\omega(l-c)}{a}}{\sin\frac{\omega l}{a}} \sin\frac{\omega x}{a} \sin\omega t & (\text{当 } 0 < x < c \text{ 时}) \\ \\ \dfrac{P_0}{a\omega} \dfrac{\sin\frac{\omega c}{a}}{\sin\frac{\omega l}{a}} \sin\frac{\omega(l-x)}{a} \sin\omega t & (\text{当 } c < x < l \text{ 时}) \end{cases} \quad (66)$$

把式(66)展开为只依正弦的傅里叶级数,读者不难验证关于 $V(x,t)$ 的解(60)与(66)的恒等性.

171. 泊松公式

比照着无界弦的情形,我们现在讲一般的波动方程

$$\frac{\partial^2 u}{\partial t^2} = a^2 \left(\frac{\partial^2 u}{\partial x^2} + \frac{\partial^2 u}{\partial y^2} + \frac{\partial^2 u}{\partial z^2} \right) \qquad (67)$$

当具有给定的初始条件时在无界空间的解法. 先讲一个辅助的命题. 为了以后的公式写起来方便,我们用 (x_1, x_2, x_3) 来记坐标 (x, y, z). 设 $\omega(x_1, x_2, x_3)$ 是任何一个函数,在某一个区域上或在整个空间上,它是连续的且有直到二阶的连续微商. 以下我们所有的讨论都是对于这个区域讲的. 我们考虑函数 ω 在球面 $C_r(x_1, x_2, x_3)$ 上的值,这个球以某一点 (x_1, x_2, x_3) 为心而以 r 为半径. 这个球面上的点的坐标可以由下式表达

$$\xi_1 = x_1 + \alpha_1 r; \xi_2 = x_2 + \alpha_2 r; \xi_3 = x_3 + \alpha_3 r$$

其中 $(\alpha_1, \alpha_2, \alpha_3)$ 是所说的球的半径的方向余弦,可以把它们写成下面的形状

$$\alpha_1 = \sin\theta\cos\varphi; \alpha_2 = \sin\theta\sin\varphi; \alpha_3 = \cos\theta$$

这里角度 θ 由 0 改变到 π 而角度 φ 由 0 改变到 2π. 用 $d_1\sigma$ 来记半径为 1 的球面上的面积单元,用 $d_r\sigma$ 来记半径为 r 的球面上的面积单元

$$d_1\sigma = \sin\theta d\theta d\varphi; d_r\sigma = r^2 d_1\sigma = r^2 \sin\theta d\theta d\varphi$$

考虑函数 ω 沿球面 $C_r(x_1, x_2, x_3)$ 的值的算术平均值,就是函数 $\omega(x_1, x_2, x_3)$ 沿上述球面的积分被除于这球面的面积. 显然,这个积分的大小依赖于所选择的球心 (x_1, x_2, x_3) 以及半径 r,就是说,这里所说的算术平均值是四个变量 (x_1, x_2, x_3, r) 的函数. 我们可以把这个算术平均值写成两种形式

$$v(x_1,x_2,x_3,r) = \frac{1}{4\pi}\int_0^{2\pi}\int_0^{\pi}\omega(x_1+\alpha_1 r;x_2+\alpha_2 r;x_3+\alpha_3 r)\mathrm{d}_1\sigma \qquad (68)$$

或

$$v(x_1,x_2,x_3,r) = \frac{1}{4\pi r^2}\iint_{C_r}\omega(x_1+\alpha_1 r;x_2+\alpha_2 r;x_3+\alpha_3 r)\mathrm{d}_r\sigma$$

我们来证明,对于任意选择的函数 ω,函数 v 总满足一个相同的偏微分方程,它就是

$$\frac{\partial^2 v}{\partial r^2} - \Delta v + \frac{2}{r}v_r = 0 \qquad (69)$$

其中

$$\Delta v = \frac{\partial^2 v}{\partial x_1^2} + \frac{\partial^2 v}{\partial x_2^2} + \frac{\partial^2 v}{\partial x_3^2}$$

在公式(68)中沿单位球面求的积分可以在积分号下对 x_i 求微商.如此,我们就有

$$\Delta v = \frac{1}{4\pi}\int_0^{2\pi}\int_0^{\pi}\Delta\omega(x_i+\alpha_i r)\mathrm{d}_1\sigma$$

而且

$$\frac{\partial v}{\partial r} = \frac{1}{4\pi}\int_0^{2\pi}\int_0^{\pi}\sum_{k=1}^{3}\frac{\partial \omega}{\partial x_k}\alpha_k \mathrm{d}_1\upsilon$$

后一个积分可以变换为沿球面 $C_r(x_1,x_2,x_3)$ 的积分

$$\frac{\partial v}{\partial r} = \frac{1}{4\pi r^2}\iint_{C_r}\sum_{k=1}^{3}\frac{\partial \omega}{\partial x_k}\alpha_k \mathrm{d}_r\sigma$$

应用奥斯特罗格拉德斯基公式,就得到

$$\frac{\partial v}{\partial r} = \frac{1}{4\pi r^2}\iiint_{D_r}\Delta\omega \mathrm{d}v \qquad (70)$$

其中 D_r 是以 (x_1,x_2,x_3) 为心、r 为半径的球体.最后这个表达式是 r 的两个函数的乘积:一个是有理函数 $\frac{1}{4\pi r^2}$,另一个是积分.沿球体 D_r 的三重积分对 r 的微商等于同样的被积函数沿这个球的球面 C_r 的积分.为了验证这个事实只需通过球面坐标来表达沿 D_r 的积分.如此,再对 r 求一次微商,就得到

$$\frac{\partial^2 v}{\partial r^2} = -\frac{1}{2\pi r^3}\iiint_{D_r}\Delta\omega \mathrm{d}v + \frac{1}{4\pi r^2}\iint_{C_r}\Delta\omega \mathrm{d}_r\sigma$$

把所有上面讲的关于微商的表达式代入到方程(69)中,就直接验明实际上 v 满足这个方程.若 $r\to 0$,则由公式(68)直接推出,$v(x_1,x_2,x_3)$ 趋向 $\omega(x_1,x_2,x_3)$,并且由式(70)推出,$\frac{\partial v}{\partial r}$ 趋向零,因为依照中值定理,公式(70)中的三重积分与 r^3 同级,而分母中只有 r^2.于是我们引出下面这个定理:

定理 对于任何选定的函数 ω,假设它有直到二阶的连续微商,则由等式

(68)所确定的函数 v 满足方程(69)以及初始已知条件

$$v\mid_{r=0}=\omega(x_1,x_2,x_3);\frac{\partial v}{\partial r}\bigg|_{r=0}=0 \tag{71}$$

我们利用这个定理来证明:函数

$$u(x_1,x_2,x_3,t)=tv(x_1,x_2,x_3,at) \tag{72}$$

满足波动方程

$$\frac{\partial^2 u}{\partial t^2}=a^2\left(\frac{\partial^2 u}{\partial x_1^2}+\frac{\partial^2 u}{\partial x_2^2}+\frac{\partial^2 u}{\partial x_3^2}\right) \tag{73}$$

以及初始条件

$$u\mid_{t=0}=0;\frac{\partial u}{\partial t}\bigg|_{t=0}=\omega(x_1,x_2,x_3) \tag{74}$$

实际上,我们有

$$\frac{\partial u}{\partial t}=v(x_1,x_2,x_3,at)+at\frac{\partial v(x_1,x_2,x_3,at)}{\partial r}$$

$$\frac{\partial^2 u}{\partial t^2}=2a\frac{\partial v(x_1,x_2,x_3,at)}{\partial r}+a^2 t\frac{\partial^2 v(x_1,x_2,x_3,at)}{\partial r^2}$$

$$\Delta u=t\Delta v(x_1,x_2,x_3,at)$$

其中,例如,$\frac{\partial v(x_1,x_2,x_3,at)}{\partial r}$ 是微商 $\frac{\partial v(x_1,x_2,x_3,r)}{\partial r}$ 当 $r=at$ 时的值. 把上面的表达式代入到方程(73)中,当 $r=at$ 时,我们就得到方程(69),以上我们已经证明过,它是成立的. 初始条件(74)可以由式(71)直接得来. 由于方程(73)是常系数线性齐次方程,我们可以肯定,函数 $u_1=\frac{\partial u}{\partial t}$ 也满足这个方程. 现在我们来确定当 $t=0$ 时它的初始已知条件. 注意初始条件(74),对于函数 $u_1=\frac{\partial u}{\partial t}$,我们直接得到

$$u_1\mid_{t=0}=\omega(x_1,x_2,x_3)$$

根据方程(73),对于微商 $\frac{\partial u_1}{\partial t}=\frac{\partial^2 u}{\partial t^2}$,我们有

$$\frac{\partial u_1}{\partial t}\bigg|_{t=0}=a^2\left(\frac{\partial^2 u}{\partial x_1^2}+\frac{\partial^2 u}{\partial x_2^2}+\frac{\partial^2 u}{\partial x_3^2}\right)\bigg|_{t=0}$$

或由条件(74)中第一个初始条件对坐标求微商,由此我们得到

$$\frac{\partial u_1}{\partial t}\bigg|_{t=0}=0$$

如此,以上作出的波动方程(73)的满足初始条件(74)的解的微商,也是同一个方程的解而满足初始条件

$$u_1\mid_{t=0}=\omega(x_1,x_2,x_3);\frac{\partial u_1}{\partial t}\bigg|_{t=0}=0 \tag{74_1}$$

回到以前的坐标的记法，并且在第一个情形的初始条件(74)中取某一个函数 $\varphi_1(x,y,z)$ 作 $\omega(x,y,z)$，在第二个情形的初始条件(74_1)中取任何另一个函数 $\varphi(x,y,z)$ 作 $\omega(x,y,z)$，再把所作出的解相加，就有方程(67)的满足下列初始条件的解

$$u\big|_{t=0}=\varphi(x,y,z);\ \frac{\partial u}{\partial t}\bigg|_{t=0}=\varphi_1(x,y,z) \tag{75}$$

为简短起见，我们用 $T_r\{\omega(M)\}$ 来记函数 ω 沿以 $M(x,y,z)$ 为心，r 为半径的球面的算术平均值，依照以上所述，我们可以把所讲的方程(67)的满足初始条件(75)的解写成下面的形状

$$u(M,t)=tT_{at}\{\varphi_1(M)\}+\frac{\partial}{\partial t}[tT_{at}\{\varphi(M)\}] \tag{76}$$

这个公式通常叫作泊松公式. 显然它可以写成下面的形状

$$u(x,y,z,t)=\frac{t}{4\pi}\int_0^{2\pi}\int_0^\pi \varphi_1(\alpha,\beta,\gamma)\mathrm{d}_1\sigma+$$
$$\frac{\partial}{\partial t}\left[\frac{t}{4\pi}\int_0^{2\pi}\int_0^\pi \varphi(\alpha,\beta,\gamma)\mathrm{d}_1\sigma\right] \tag{76_1}$$

其中 $\mathrm{d}_1\delta=\sin\theta\mathrm{d}\theta\mathrm{d}\varphi$，而 (α,β,γ) 是上述球面的变点的坐标

$$\alpha=x+at\sin\theta\cos\varphi, \beta=y+at\sin\theta\sin\psi, \gamma=z+at\cos\theta \tag{77}$$

以上的理由说明，由公式(76)所确定的函数 u 实际上满足方程(67)以及条件(75)，只要 $\varphi_1(x,y,z)$ 有直到二阶的连续微商，而 $\varphi(x,y,z)$ 有直到三阶的连续微商.

后者是由于在公式(76)的第二项中出现求对 t 的微商. 以后我们将看到所给的这个问题只可以有一个解.

设初始颤动集中在某一个以曲面 σ 为界的有界容积 v 上，就是说，在 v 之外，$\varphi(N)$ 与 $\varphi_1(N)$ 等于零，设点 M 出现在 v 之外. 当 $t<\dfrac{d}{a}$ 时，其中 d 是由 M 到 σ 的最短距离，球面 S_{at} 就出现在 v 之外，上述的两个函数在 S_{at} 上就都等于零，于是公式(76)给出 $u(M,t)=0$，就是说在点 M 是静止的. 在时刻 $t=\dfrac{d}{a}$，曲面 S_{at} 切于 σ，于是波的前阵面进到 M. 最后，当 $t>\dfrac{D}{a}$ 时，其中 D 是由 M 到曲面 σ 上的点的最大距离，球面 S_{at} 就又出现在 v 之外(整个容积 v 在 S_{at} 的内部)，于是公式(76)又给出 $u(M,t)=0$. 时刻 $t=\dfrac{D}{a}$ 对应于波的后阵面通过点 M，此后在这点 $u(M,t)$ 就等于零，而不像对于弦的情形(就是平面波的情形)一样等于常数. 在给定的时刻 t，波的前阵面代表这样的曲面，它把还没有开始振动的点与已经振动的点分开. 由以上推出，这个曲面的所有的点到 σ 具有等于 at 的最

短距离. 不难证明, 这个曲面就是球心在曲面 σ 上、半径为 at 的球面族的包络. 我们知道, 常数 a 是波阵面的传播速度.

172. 柱面波

在空间定好直角坐标轴, 设函数 $\varphi(x,y,z)$ 与 $\varphi_1(x,y,z)$ 只依赖于 x 与 y, 就是说, 在任何平行于 OZ 轴的直线上, 它们保持常数值. 这时如果平行于 OZ 轴移动点 M, 则显然公式 (76_1) 的右边不改变它的值, 就是说, 函数 $u(x,y,z,t)$ 也不依赖于 z, 于是公式 (76_1) 给出方程

$$\frac{\partial^2 u}{\partial t^2} = a^2 \left(\frac{\partial^2 u}{\partial x^2} + \frac{\partial^2 u}{\partial y^2} \right) \tag{78}$$

具有初始条件

$$u\mid_{t=0} = \varphi(x,y);\ \frac{\partial u}{\partial t}\bigg|_{t=0} = \varphi_1(x,y) \tag{79}$$

时的解. 我们可以专门停留在平面 XOY 上来考虑这个解. 为此, 我们需要把公式 (76_1) 中沿着球面取的积分变换为沿平面 XOY 上一个圆的积分. 在平面 XOY 上取点 $M(x,y)$. 由公式 (77) 所确定的以 (α,β,γ) 为坐标的点, 当 $z=0$ 时是以 $M(x,y,0)$ 为心、at 为半径的球面 S_{at} 上的变点. 这个球面的面积单元是 $\mathrm{d}S_{at} = a^2 t^2 \mathrm{d}_1\sigma$. 这球面出现在平面 XOY 之上及其下的两部分在平面 XOY 上的投影是以 M 为心、at 为半径的圆 C_{at}. 投影的面积单元 $\mathrm{d}C_{at}$ 由下面这公式连紧于球面的面积单元 $\mathrm{d}S_{at}$ [62]

$$\mathrm{d}S_{at} = \frac{\mathrm{d}C_{at}}{\cos(n,Z)}$$

其中 n 是 S_{at} 的法线方向, 就是这个球的半径与 OZ 轴做成锐角的方向. 设 N 是球面上的变点, N_1 是它在平面 XOY 上的投影, 则由初等几何学中的理由, 显然

$$\cos(n,Z) = \frac{\overline{NN_1}}{\overline{MN}} = \frac{\sqrt{a^2 t^2 - (\alpha-x)^2 - (\beta-y)^2}}{at}$$

其中 (α,β) 是圆 C_{at} 的变点的坐标. 把这个代入到公式 (76_1) 的第一个积分中, 注意圆 C_{at} 可以看作是由球面 S_{at} 的上部得来的, 也可以看作是由它的下部得来的, 我们就得到公式 (76_1) 中第一个积分的如下的变换

$$\frac{t}{4\pi} \iint \varphi_1(\alpha,\beta,\gamma) \mathrm{d}_1\sigma = \frac{1}{4\pi a^2 t} \iint_{S_{at}} \varphi_1(\alpha,\beta) \mathrm{d}S_{at} =$$

$$\frac{1}{2\pi a} \iint_{C_{at}} \frac{\varphi_1(\alpha,\beta)}{\sqrt{a^2 t^2 - (\alpha-x)^2 - (\beta-y)^2}} \mathrm{d}C_{at}$$

应用同样的变换于第二个积分, 并把平面 XOY 的面积单元记成 $\mathrm{d}\alpha\mathrm{d}\beta$ 的形状, 结果我们得到下面这个关于所要求的满足方程 (78) 以及条件 (79) 的函数的公式

$$u(x,y,t) = \frac{1}{2\pi a}\iint_{C_{at}} \frac{\varphi_1(\alpha,\beta)\mathrm{d}\alpha\mathrm{d}\beta}{\sqrt{a^2t^2-(\alpha-x)^2-(\beta-y)^2}} +$$

$$\frac{\partial}{\partial t}\left[\frac{1}{2\pi a}\iint_{C_{at}} \frac{\varphi(\alpha,\beta)\mathrm{d}\alpha\mathrm{d}\beta}{\sqrt{a^2t^2-(\alpha-x)^2-(\beta-y)^2}}\right] \qquad (80)$$

设初始颤动局限于平面 XOY 上以 l 为界线的某一个有限区域 B 中,就是说,在 B 之外,$\varphi(x,y)$ 与 $\varphi_1(x,y)$ 等于零. 设点 M 位于 B 之外. 当时刻 $t < \dfrac{d}{a}$ 时,其中 d 是由 M 到界线 l 的最短距离,圆 C_{at} 与 B 没有公共点,在整个圆 C_{at} 上,函数 $\varphi(x,y)$ 与 $\varphi_1(x,y)$ 等于零,于是公式(80)给出 $u(x,y,t)=0$. 在时刻 $t = \dfrac{d}{a}$,波的前阵面进到点 M. 对于 $t > \dfrac{D}{a}$ 的值,其中 D 是由 M 到 l 上的点的最大距离,这时区域 B 整个包含在圆 C_{at} 之内,于是在公式(80)中所要求的积分需要单纯地沿区域 B 来作,因为在 B 之外,$\varphi(x,y)$ 与 $\varphi_1(x,y)$ 等于零;就是说

$$u(x,y,t) = \frac{1}{2\pi a}\iint_{B} \frac{\varphi_1(\alpha,\beta)\mathrm{d}\alpha\mathrm{d}\beta}{\sqrt{a^2t^2-(\alpha-x)^2-(\beta-y)^2}} +$$

$$\frac{\partial}{\partial t}\left[\frac{1}{2\pi a}\iint_{B} \frac{\varphi(\alpha,\beta)\mathrm{d}\alpha\mathrm{d}\beta}{\sqrt{a^2t^2-(\alpha-x)^2-(\beta-y)^2}}\right]$$

在这种情形下,波的后阵面在时刻 $t = \dfrac{D}{a}$ 通过点 M 之后,函数 $u(x,y,t)$ 不是像在三维空间的情形等于零,也不像在弦的情形等于常数. 不过由于在分母中有 a^2t^2 出现,我们终归可以肯定,当 t 无限增加时,$u(x,y,z,t)$ 趋向零.

我们说,在所考虑的情形下,波的后阵面通过之后有波的弥漫现象发生. 我们保留在平面 XOY 上导出了全部的理由. 在三维空间中,方程(78)对应于所谓的柱面波.

173. n 维空间的情形

在[171]中所得到的结果可以直接推广到任何多维的情形. 我们来考虑以 $(x_1,x_2,\cdots,x_n)$ 为坐标的 n 维空间. 在这样的空间中,半径为 r 的球的容积由下式确定[99]

$$v_n(r) = \frac{(2\pi)^{\frac{n}{2}}}{2\cdot 4\cdot 6\cdot\cdots\cdot(n-2)\cdot n}r^n \qquad (n \text{ 是偶数})$$

$$v_n(r) = \frac{2^{\frac{n+1}{2}}\pi^{\frac{n-1}{2}}}{1\cdot 3\cdot 5\cdot\cdots\cdot(n-2)\cdot n}r^n \qquad (n \text{ 是奇数})$$

由这两个表达式对 r 求微商,就得到球面面积的大小

$$\sigma_n(r) = \frac{(2\pi)^{\frac{n}{2}}}{2\cdot 4\cdot 6\cdot\cdots\cdot(n-2)}r^{n-1} \qquad (n \text{ 是偶数})$$

$$\sigma_n(r) = \frac{2^{\frac{n+1}{2}} \pi^{\frac{n-1}{2}}}{1 \cdot 3 \cdot 5 \cdot \cdots \cdot (n-2)} r^{n-1} \quad (n \text{ 是奇数})$$

通过 $n-1$ 个角来表达球半径的方向余弦的公式如下

$$\alpha_1 = \cos\theta_1$$
$$\alpha_2 = \sin\theta_1 \cos\theta_2$$
$$\alpha_3 = \sin\theta_1 \sin\theta_2 \cos\theta_3$$
$$\vdots$$
$$\alpha_{n-2} = \sin\theta_1 \sin\theta_2 \cdots \sin\theta_{n-3} \cos\theta_{n-2}$$
$$\alpha_{n-1} = \sin\theta_1 \sin\theta_2 \cdots \sin\theta_{n-2} \cos\varphi$$
$$\alpha_n = \sin\theta_1 \sin\theta_2 \cdots \sin\theta_{n-2} \sin\varphi$$

其中

$$0 \leqslant \theta_k \leqslant \pi; 0 \leqslant \varphi < 2\pi$$

单位球面的面积单元是

$$d_1\sigma = \sin^{n-2}\theta_1 \sin^{n-3}\theta_2 \cdots \sin\theta_{n-2} d\theta_1 d\theta_2 \cdots d\theta_{n-2} d\varphi$$

对于半径为 r 的球

$$d_r\sigma = r^{n-1} d_1\sigma$$

设在空间 $\mathbf{R}^n$ 中给定一个具有直到二阶连续微商的函数 ω. 它的沿着以 $(x_1, x_2, \cdots, x_n)$ 为心,r 为半径的球面的算术平均值由下式确定

$$v(x_1, x_2, \cdots, x_n, r) = \frac{1}{\sigma_n(1)} \int \cdots \int \omega(x_1 + \alpha_1 r, x_2 + \alpha_2 r, \cdots, x_n + \alpha_n r) d_1\sigma$$

或

$$v(x_1, x_2, \cdots, x_n, r) = \frac{1}{\sigma_n(r)} \int \cdots \int \omega(x_1 + \alpha_1 r, x_2 + \alpha_2 r, \cdots, x_n + \alpha_n r) d_r\sigma$$

与以前一样,我们可以证明,函数 v 满足微分方程

$$\frac{\partial^2 v}{\partial r^2} - \Delta v + \frac{n-1}{r} \frac{\partial v}{\partial r} = 0$$

以及初始条件

$$v|_{r=0} = \omega(x_1, \cdots, x_n); \left.\frac{\partial v}{\partial r}\right|_{r=0} = 0$$

利用上述结果,可以得到关于具有任何多个自变量的波动方程的最终的公式. 对于一般情形,我们只讲最终结果. 波动方程

$$\frac{\partial^2 u}{\partial t^2} = a^2 \left(\frac{\partial^2 u}{\partial x_1^2} + \frac{\partial^2 u}{\partial x_2^2} + \cdots + \frac{\partial^2 u}{\partial x_n^2} \right) \tag{81}$$

的满足初始条件

$$u|_{t=0} = 0; \left.\frac{\partial u}{\partial t}\right|_{t=0} = \omega(x_1, x_2, \cdots, x_n)$$

的解,当 n 是奇数时,有下面的形状

$$u(x_1,\cdots,x_n,t) = \frac{2^{\frac{n-3}{2}}}{1\cdot 3\cdots(n-2)} \frac{\partial^{\frac{n-3}{2}}}{\partial(t^2)^{\frac{n-3}{2}}}[t^{n-2}T_{at}\{\omega(x_i)\}] \quad (82_1)$$

当 n 是偶数时

$$u(x_1,\cdots,x_n,t) =$$
$$\frac{2^{\frac{n-2}{2}}}{2\cdot 4\cdots(n-2)} \frac{\partial}{\partial t}\int_0^{at}\frac{r}{\sqrt{t^2-r^2}}\frac{\partial^{\frac{n-2}{2}}}{\partial(r^2)^{\frac{n-2}{2}}}[r^{n-2}T_r\{\omega(x_i)\}]dr \quad (82_2)$$

其中 $T_\rho\{\omega(x_i)\}$ 是函数 $\omega(x_1,x_2,\cdots,x_n)$ 沿以 $(x_1,x_2,\cdots,x_n)$ 为心、ρ 为半径的球面的算术平均值. 为要验证公式 (82_1) 与 (82_2), 当 n 是奇数时, 只需函数 $\omega(x_1,x_2,\cdots,x_n)$ 有直到 $\frac{n+1}{2}$ 阶的连续微商; 当 n 是偶数时, 只需有直到 $\frac{n+2}{2}$ 阶的连续微商.

174. 非齐次波动方程

我们现在在无界空间中考虑非齐次波动方程

$$\frac{\partial^2 u}{\partial t^2} = a^2\left(\frac{\partial^2 u}{\partial x^2}+\frac{\partial^2 u}{\partial y^2}+\frac{\partial^2 u}{\partial z^2}\right)+f(x,y,z,t) \quad (83)$$

求它满足零初始条件

$$u\big|_{t=0}=0;\quad \frac{\partial u}{\partial t}\bigg|_{t=0}=0 \quad (84)$$

的解. 由这个解加上齐次方程的满足初始条件(75)的解, 就得到方程(83)的满足条件(75)的解.

为了求上面所给的问题的解, 我们考虑齐次方程

$$\frac{\partial^2 w}{\partial t^2} = a^2\left(\frac{\partial^2 w}{\partial x^2}+\frac{\partial^2 w}{\partial y^2}+\frac{\partial^2 w}{\partial z^2}\right) \quad (85)$$

的满足初始条件

$$w\big|_{t=\tau}=0;\quad \frac{\partial w}{\partial t}\bigg|_{t=\tau}=f(x,y,z,\tau) \quad (86)$$

的解, 这里不取 $t=0$ 作为初始时刻, 而取 $t=\tau$, 其中 τ 是某一个参变量. 函数 w 将由泊松公式来表达, 只是这个公式中, 我们应当用 $t-\tau$ 来替换 t, 因为初始时刻不是 $t=0$, 而是 $t=\tau$. 如此我们就有

$$w(x,y,z,t;\tau) = \frac{t-\tau}{4\pi}\int_0^{2\pi}\int_0^\pi f[x+\alpha_1 a(t-\tau),$$
$$y+\alpha_2 a(t-\tau), z+\alpha_3 a(t-\tau),\tau]d_1\sigma \quad (87)$$

其中

$$\alpha_1=\sin\theta\cos\varphi;\ \alpha_2=\sin\theta\sin\varphi;\ \alpha_3=\cos\theta \quad (88)$$

注意, 函数 w 除去通常的自变量 (x,y,z,t) 外, 还依赖于参变量 τ. 现在我

们由下面这公式作出一个函数

$$u(x,y,z,t) = \int_0^t w(x,y,z,t;\tau)\mathrm{d}\tau \qquad (89)$$

来证明它满足非齐次方程(83)以及零初始条件(84). 我们有

$$\frac{\partial u}{\partial t} = \int_0^t \frac{\partial w(x,y,z,t;\tau)}{\partial t}\mathrm{d}\tau + w(x,y,z,t;\tau)\bigg|_{\tau=t} \qquad (90)$$

根据条件(86)中第一个条件积分以外的一项等于0. 再对 t 求一次微商,就得到

$$\frac{\partial^2 u}{\partial t^2} = \int_0^t \frac{\partial^2 w(x,y,z,t;\tau)}{\partial t^2}\mathrm{d}\tau + \frac{\partial w(x,y,z,t;\tau)}{\partial t}\bigg|_{\tau=t}$$

这里根据(86)中第二个条件,所得到的积分以外的一项等于 $f(x,y,z,t)$,就是说

$$\frac{\partial^2 u}{\partial t^2} = \int_0^t \frac{\partial^2 w(x,y,z,t;\tau)}{\partial t^2}\mathrm{d}\tau + f(x,y,z,t)$$

求表达式(89)对坐标的微商时,只需求被积函数的微商

$$\Delta u = \int_0^t \Delta w(x,y,z,t;\tau)\mathrm{d}\tau$$

由后两个公式以及方程(85)直接推出,u 满足方程(83). 由公式(89)与(90)直接推出初始条件(84),只要注意,如以上所述,在公式(90)中积分以外的项等于0. 如此,公式(89)给出方程(83)的具有初始条件(84)的解. 在(89)中用函数 $w(x,y,z,t;\tau)$ 的表达式(87)来替代这个函数,就得到

$$u(x,y,z,t) = \frac{1}{4\pi}\int_0^t (t-\tau)\left[\int_0^{2\pi}\int_0^\pi f[x+\alpha_1 a(t-\tau),\right.$$
$$\left. y+\alpha_2 a(t-\tau), z+\alpha_3 a(t-\tau),\tau]\mathrm{d}_1\sigma\right]\mathrm{d}\tau$$

我们把这个关于 u 的表达式变换为另一个形状. 引用新的积分变量 $r=a(t-\tau)$ 来替代 τ. 完成换元工作,就得到

$$u(x,y,z,t) =$$
$$\frac{1}{4\pi a^2}\int_0^{at}\int_0^{2\pi}\int_0^\pi f\left(x+\alpha_1 r, y+\alpha_2 r, z+\alpha_3 r, t-\frac{r}{a}\right)r\sin\theta\,\mathrm{d}r\mathrm{d}\theta\mathrm{d}\varphi$$

或者,用 r 乘再除以 r 得

$$u(x,y,z,t) =$$
$$\frac{1}{4\pi a^2}\int_0^{at}\int_0^{2\pi}\int_0^\pi \frac{f\left(x+\alpha_1 r, y+\alpha_2 r, z+\alpha_3 r, t-\frac{r}{a}\right)}{r}r^2\sin\theta\,\mathrm{d}r\mathrm{d}\theta\mathrm{d}\varphi$$

注意关于 α_k 的公式(88)并回忆在球坐标系中关于容积单元的表达式,我们就看出,在最后的公式中出现的三次积分相当于沿以 (x,y,z) 为心、at 为半径的球的三重积分. 引用变点

$$\xi = x+\alpha_1 r; \eta = y+\alpha_2 r; \zeta = z+\alpha_3 r$$

并注意 $\alpha_1^2 + \alpha_2^2 + \alpha_3^2 = 1$,就得到
$$r = \sqrt{(\xi-x)^2 + (\eta-y)^2 + (\zeta-z)^2}$$
关于 u 的表达式最后可以写成下面的形状
$$u(x,y,z,t) = \frac{1}{4\pi a^2} \iiint_{r \leqslant at} \frac{f\left(\xi,\eta,\zeta,t-\frac{r}{a}\right)}{r} dv \tag{91}$$

其中不等式 $r \leqslant at$ 表现的是上述的球 D_{at}. 最后这表达式中的被积函数的特征是下述事实:函数 f 要取在时刻 $t - \frac{r}{a}$,这个时刻在计算 u 的时刻 t 之前. 时刻之差 $\frac{r}{a}$ 给出以速度 a 由点 (ξ,η,ζ) 运动到点 (x,y,z) 所需要的时间. 表达式(91)通常叫作推后势. 我们还要提出,基本公式(89)具有简单的物理意义,就是它表明非齐次方程(83)的满足初始条件(84)的解是衡量 $w(x,y,z,t;\tau)d\tau$ 的和,衡量 $w(x,y,z,t;\tau)$ 是由自由项的存在而产生的,并且是由方程(85)与(86)所确定的.

现在我们考虑具有零初始条件时关于柱面波的非齐次波动方程
$$\frac{\partial^2 u}{\partial t^2} = a^2 \left(\frac{\partial^2 u}{\partial x^2} + \frac{\partial^2 u}{\partial y^2} \right) + f(x,y,t) \tag{92}$$

像以上完全一样,我们可以得到这个问题的下面形状的解
$$u(x,y,t) = \int_0^t w(x,y,t;\tau) d\tau$$

其中 $w(x,y,t;\tau)$ 满足齐次方程
$$\frac{\partial^2 w}{\partial t^2} = a^2 \left(\frac{\partial^2 w}{\partial x^2} + \frac{\partial^2 w}{\partial y^2} \right)$$

以及初始条件
$$w|_{t=\tau} = 0; \frac{\partial w}{\partial t}\bigg|_{t=\tau} = f(x,y,\tau)$$

注意公式(80),最后得到
$$u(x,y,t) = \frac{1}{2\pi a} \int_0^t \left[\iint_{\rho \leqslant a(t-\tau)} \frac{f(\xi,\eta,\tau)}{\sqrt{a^2(t-\tau)^2 - \rho^2}} d\xi d\eta \right] d\tau \tag{93}$$
$$(\rho^2 = (\xi-x)^2 + (\eta-y)^2)$$

注意,在最后这个公式中,我们要依时间求积分,而在公式(91)中就没有,那里,对时间的依赖性归结于进行求积分时所沿的球的半径对时间的依赖性以及函数 $f(x,y,z,t)$ 对时间的依赖性. 在线性的情形
$$\frac{\partial^2 u}{\partial t^2} = a^2 \frac{\partial^2 u}{\partial x^2} + f(x,t) \tag{94}$$

解显然是

$$u(x,t) = \frac{1}{2a}\int_0^t \left[\int_{x-a(t-\tau)}^{x+a(t-\tau)} f(\xi,\tau)d\xi\right]d\tau \tag{95}$$

175. 点源

如果我们设方程(83)中的自由项只是在以坐标原点为心的不大的球上不等于 0, 则当这个球的半径趋向于 0 且当外力的强度无限增加时, 取极限就可以得到存在点源时波动方程的解, 这个点源从时刻 $t=0$ 起开始作用, 而它的依赖于时间的作用规律可以是任何的规律. 设当 $\sqrt{x^2+y^2+z^2} \geqslant \varepsilon$ 时

$$f(x,y,z,t) = 0 \tag{96}$$

而且

$$\iiint_{C_\varepsilon} f(x,y,z,t)dxdydz = 4\pi\omega(t) \tag{97}$$

其中 C_ε 是以原点为心、ε 为半径的球. 回到公式(91), 我们算作 $at > \sqrt{x^2+y^2+z^2}$. 根据式(96), 只需沿球 C_ε 进行求积分. 当 $\varepsilon \to 0$ 时取极限, r 的大小就等于由点 (x,y,z) 到原点的距离, 就是说 $r = \sqrt{x^2+y^2+z^2}$, 注意式(97), 我们就得到

$$u(x,y,z,t) = \frac{1}{r}\omega\left(t - \frac{r}{a}\right) \tag{98}$$

$$(r = \sqrt{x^2+y^2+z^2})$$

此外, 需要算作当 $r > at$ 时, $u(x,y,z,t) = 0$, 因为 $r > at$ 时, 对于足够小的 ε 来讲, 积分(91)的积分区域不包含球 C_ε 在内. 注意, 当任意选定函数 $\omega(t)$ 时, 函数(98)满足齐次波动方程, 而在坐标原点有奇异点.

在方程(92)的情形, 像以上完全一样, 我们应当算作当 $\sqrt{x^2+y^2} > \varepsilon$ 时

$$f(x,y,t) = 0$$

而且

$$\iint_{\gamma_\varepsilon} f(x,y,t)dxdy = 2\pi\omega(t)$$

其中 γ_ε 是以原点为心、ε 为半径的圆. 回到公式(93), 取极限, 就得到在柱面波的情形下关于点源的解

$$u(x,y,t) = \frac{1}{a}\int_0^{t-\frac{\rho}{a}} \frac{\omega(\tau)}{\sqrt{a^2(t-\tau)^2 - \rho^2}}d\tau \quad (at > \rho) \tag{99}$$

$$u(x,y,t) = 0 \quad (at < \rho)$$

$$(\rho = \sqrt{x^2+y^2})$$

公式(98)与(99)的不同与我们在前一段中所讲的类似. 依照公式(98), 在时刻 t, 点源在点 (x,y,z) 的作用只依赖于这点源在时刻 $t - \frac{r}{a}$ 的强度. 在公式

(99) 的情形,这个作用要由点源在从 $t=0$ 到 $t=t-\dfrac{\rho}{a}$ 的时间区间中的作用来确定.

在线性的情形(94),像上面一样,令
$$\int_{-\varepsilon}^{+\varepsilon} f(x,t) = \omega(t)$$
而且,当 $|x|>\varepsilon$ 时, $f(x,t)=0$,由公式(95)取极限,就得到:

当 $at>|x|$ 时
$$u(x,t) = \int_0^{t-\frac{|x|}{a}} \omega(\tau) \mathrm{d}\tau \tag{100}$$

当 $|x|>at$ 时
$$u(x,t)=0$$

176. 膜的横振动

到现在为止,我们曾就平面与空间的无界情形考虑了波动方程,那时,除微分方程之外,只有初始条件. 关于波动方程在平面上以及空间中的边值问题比在直线的情形复杂得多. 我们就两种特殊情形来考虑平面上的边值问题——当解决问题所在的区域是矩形或圆时. 现在我们从物理上来解释平面上的波动方程,把它看作是关于膜的横振动的方程.

所谓膜,我们理解为极薄的薄片,像弦那样,只受到张力的作用,而不弯曲. 设膜受到均匀的张力 T_0 的作用,在平衡状态时位于平面 XOY 上,我们只限于考虑运动平行于 OZ 轴的情形,这时,膜上的点 (x,y) 的位移是 x,y 与 t 的函数,它满足下面这个与弦的方程类似的微分方程

$$\frac{\partial^2 u}{\partial t^2} = a^2 \left(\frac{\partial^2 u}{\partial x^2} + \frac{\partial^2 u}{\partial y^2} \right) + f(x,y,t) \tag{101}$$

其中
$$a = \sqrt{\frac{T_0}{\rho}}$$

ρ 是膜的面密度, ρf 是外力或负载. 我们这里不讲方程(101)是怎样得出来的.

除微分方程(101)外,应当注意到边值条件,就是在界线 C(膜的边界)上,函数 u 应当满足的条件,我们只讲膜被钉住在界线 C 上的情形,就是说在 C 上
$$u = 0 \tag{102}$$

此外,应当给出初始条件,就是在初始时刻,膜的所有的点的位移与速度
$$u\big|_{t=0} = \varphi_1(x,y); \quad \frac{\partial u}{\partial t}\bigg|_{t=0} = \varphi_2(x,y) \tag{103}$$

177. 矩形膜

现在我们考虑矩形膜的自有振动,它的界线是在平面 XOY 上的矩形,边为
$$x=0, x=l, y=0, y=m \tag{104}$$
我们算作没有外力,就是 $f=0$.

于是,我们需要求方程
$$\frac{\partial^2 u}{\partial t^2} = a^2 \left(\frac{\partial^2 u}{\partial x^2} + \frac{\partial^2 u}{\partial y^2} \right) \tag{105}$$
的满足条件(102)与(103)的解.

我们仍然用驻波的方法(傅里叶法),由下面这式子来求方程(105)的特殊解
$$(\alpha\cos \omega t + \beta\sin \omega t)U(x,y) \tag{106}$$
这就给出
$$-\omega^2(\alpha\cos \omega t + \beta\sin \omega t)U(x,y) = a^2 \left(\frac{\partial^2 U}{\partial x^2} + \frac{\partial^2 U}{\partial y^2} \right)(\alpha\cos \omega t + \beta\sin \omega t)$$
由此,令
$$\frac{\omega^2}{a^2} = k^2 \tag{107}$$
就求得关于 U 的方程
$$\frac{\partial^2 U}{\partial x^2} + \frac{\partial^2 U}{\partial y^2} + k^2 U = 0$$
下一步,我们由下面的式子来求这个方程的特殊解
$$U(x,y) = X(x)Y(y) \tag{108}$$
这就给出
$$X''(x)Y(y) + X(x)Y''(y) + k^2 X(x)Y(y) = 0$$
或
$$\frac{X''(x)}{X(x)} = -\frac{Y''(y) + k^2 Y(y)}{Y(y)} = -\lambda^2$$
其中 λ^2 在这里是未定的常数.

于是,我们有两个方程
$$X''(x) + \lambda^2 X(x) = 0; Y''(y) + \mu^2 Y(y) = 0 \tag{109}$$
其中
$$\mu^2 = k^2 - \lambda^2; \mu^2 + \lambda^2 = k^2$$
方程(109)给出函数 $X(x)$ 与 $Y(y)$ 的一般形状
$$X(x) = C_1 \sin \lambda x + C_2 \cos \lambda x; Y(y) = C_3 \sin \mu y + C_4 \sin \mu y$$
由条件:在 C 上

$$u = 0$$

得到:在 C 上

$$U(x,y) = 0$$

而最后这个条件可以分解为下列的条件

$$X(0) = 0; X(l) = 0; Y(0) = 0; Y(m) = 0$$

由此显然 $C_2 = C_4 = 0$,于是如果我们弃去不等于零的常数因子 C_1 与 C_3,则成为

$$X(x) = \sin \lambda x, Y(y) = \sin \mu y \tag{110}$$

可是

$$\sin \lambda l = 0, \sin \mu m = 0 \tag{111}$$

由方程(111)推知,λ 与 μ 有无穷多的值

$$\lambda = \lambda_1, \lambda_2, \cdots, \lambda_\sigma, \cdots; \mu = \mu_1, \mu_2, \cdots, \mu_\tau, \cdots \tag{112}$$

$$\lambda_\sigma = \frac{\sigma \pi}{l}, \mu_\tau = \frac{\tau \pi}{l}$$

由数串(112)中任意各取 λ 与 μ 的一个值,就得到对应的常数 k^2 的下面的值

$$k_{\sigma,\tau}^2 = \lambda_\sigma^2 + \mu_\tau^2 = \pi^2 \left(\frac{\sigma^2}{l^2} + \frac{\tau^2}{m^2} \right)$$

由 k^2 的这个值,根据式(107),我们又求出频率 ω 的下面的值

$$\omega_{\sigma,\tau}^2 = a^2 k_{\sigma,\tau}^2 = a^2 \pi^2 \left(\frac{\sigma^2}{l^2} + \frac{\tau^2}{m^2} \right) \tag{113}$$

在表达式(106)中用 λ_σ 代入作 λ,用 μ_τ 代入作 μ,并用 $\alpha_{\sigma,\tau}$ 与 $\beta_{\sigma,\tau}$ 各记 α 与 β 的值,我们就得到方程(105)的满足边值条件(102)的无穷多个解,形状如下

$$(\alpha_{\sigma,\tau} \cos \omega_{\sigma,\tau} t + \beta_{\sigma,\tau} \sin \omega_{\sigma,\tau} t) \sin \frac{\sigma \pi x}{l} \sin \frac{\tau \pi y}{m}$$

就是,与弦的自有调和振动相对应的,膜的无穷多的自有(自由)调和振动:

常数 α 与 β 要由初始条件来确定.在公式

$$u = \sum_{\sigma,\tau=1}^{\infty} (\alpha_{\sigma,\tau} \cos \omega_{\sigma,\tau} t + \beta_{\sigma,\tau} \sin \omega_{\sigma,\tau} t) \sin \frac{\sigma \pi x}{l} \sin \frac{\tau \pi y}{m}$$

$$\frac{\partial u}{\partial t} = \sum_{\sigma,\tau=1}^{\infty} \omega_{\sigma,\tau} (\beta_{\sigma,\tau} \cos \omega_{\sigma,\tau} t - \alpha_{\sigma,\tau} \sin \omega_{\sigma,\tau} t) \sin \frac{\sigma \pi x}{l} \sin \frac{\tau \pi y}{m}$$

中,令 $t = 0$,根据式(103)就得到

$$u \big|_{t=0} = \varphi_1(x,y) = \sum_{\sigma,\tau=1}^{\infty} \alpha_{\sigma,\tau} \sin \frac{\sigma \pi x}{l} \sin \frac{\tau \pi y}{m}$$

$$\frac{\partial u}{\partial t} \bigg|_{t=0} = \varphi_2(x,y) = \sum_{\sigma,\tau=1}^{\infty} \beta_{\sigma,\tau} \omega_{\sigma,\tau} \sin \frac{\sigma \pi x}{l} \sin \frac{\tau \pi y}{m}$$

这两个公式恰好是函数 φ_1 与 φ_2 的二重傅里叶级数展开式,不难看出系数

α 与 β 应由下列公式确定

$$\begin{cases} \alpha_{\sigma,\tau} = \dfrac{4}{lm} \int_0^l \int_0^m \varphi_1(\xi,\eta) \sin \dfrac{\sigma\pi\xi}{l} \sin \dfrac{\tau\pi\eta}{m} d\xi d\eta \\ \omega_{\sigma,\tau}\beta_{\sigma,\tau} = \dfrac{4}{lm} \int_0^l \int_0^m \varphi_2(\xi,\eta) \sin \dfrac{\sigma\pi\xi}{l} \sin \dfrac{\tau\pi\eta}{m} d\xi d\eta \end{cases} \quad (114)$$

这就得出了所给的问题的解.

膜的情形与弦的情形所不同的是,对于弦来讲,自有振动的每一个频率对应于弦的一种形式,它简单的由节点分为某些相等的段;而对于膜来讲,同样的频率因节线的位置不同可以对应于膜的几种形式.以正方形膜为例来考察这个事实最简单.

$$l = m = r$$

在这情形下频率 $\omega_{\sigma,\tau}$ 由下面这公式确定

$$\omega_{\sigma,\tau} = \dfrac{a\pi}{r} \sqrt{\sigma^2 + \tau^2} = \alpha \sqrt{\sigma^2 + \tau^2} \quad (115)$$

其中 $\alpha = \dfrac{a\pi}{r}$ 是不依赖于 σ 与 τ 的因子.

令 $\sigma = \tau = 1$,就得到膜的基本音 u_{11},频率 $\omega_{11} = \alpha\sqrt{2}$ 有

$$u_{11} = N_{11} \sin(\omega_{11} t + \varphi_{11}) \sin \dfrac{\pi x}{r} \sin \dfrac{\pi y}{r}$$

这时膜内根本没有节线.

然后令

$$\sigma = 1, \tau = 2 \text{ 或 } \sigma = 2, \tau = 1$$

就有两个不同的音,而有相同的频率

$$\omega_{12} = \omega_{21} = \alpha\sqrt{5}$$

就是

$$u_{12} = N_{12} \sin(\omega_{12} t + \varphi_{12}) \sin \dfrac{\pi x}{r} \sin \dfrac{2\pi y}{r}$$

$$u_{21} = N_{21} \sin(\omega_{21} t + \varphi_{21}) \sin \dfrac{2\pi x}{r} \sin \dfrac{\pi y}{r}$$

这两个简单振动的节线各是

$$y = \dfrac{r}{2} \text{ 或 } x = \dfrac{r}{2}$$

但是除振动 u_{12} 与 u_{21} 之外,还有无穷多的振动具有相同的频率 ω_{12},它们是由 u_{12} 与 u_{21} 的线性组合得来的.为简单起见,设 $\varphi_{12} = \varphi_{21} = 0$,我们就得到下面形状的振动

$$\sin \omega t \left[N_1 \sin \dfrac{\pi x}{r} \sin \dfrac{2\pi y}{r} + N_2 \sin \dfrac{2\pi x}{r} \sin \dfrac{\pi y}{r} \right]$$

其中 $\omega = \omega_{12} = \omega_{21}, N_1 = N_{12}, N_2 = N_{21}$.

当 $N_1 = N_2$ 时,节线由下面这方程确定

$$0 = \sin\frac{\pi x}{r}\sin\frac{2\pi y}{r} + \sin\frac{2\pi x}{r}\sin\frac{\pi y}{r} = 2\sin\frac{\pi x}{r}\sin\frac{\pi y}{r}\left(\cos\frac{\pi x}{r} + \cos\frac{\pi y}{r}\right)$$

它给出节线

$$x + y = r$$

当 $N_2 = -N_1$ 时,用同样的方法可以求得节线 $x - y = 0$.

图 134 上表示出这些简单的情形. 当 $N_2 \neq \pm N_1$ 且 $N_1, N_2 \neq 0$ 时,我们对于同一的频率得到较复杂的节线.

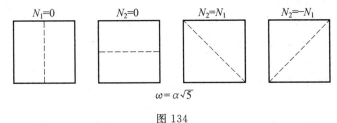

图 134

它们都有下面形状的方程

$$N_2\cos\frac{\pi x}{r} + N_1\cos\frac{\pi y}{r} = 0$$

现在令

$$\sigma = 2, \tau = 2$$

就得到频率为

$$\omega_{22} = \alpha\sqrt{8}$$

的唯一的音,它的节线是(图 135)

$$x = \frac{r}{2} \text{ 与 } y = \frac{r}{2}$$

下面的情形

$$\sigma = 1, \tau = 3; \sigma = 3, \sigma = 1$$

图 135

又出现无穷多的具有同一频率 $\omega_{13} = \omega_{31} = \alpha\sqrt{10}$ 的振动. 在类似于具有频率 $\omega_{12} = \omega_{21} = \alpha\sqrt{5}$ 的几种简单情形下,它的节线如图 136 所示. 所有这些图形所表示的恰好是声学中已知的克拉德尼图形.

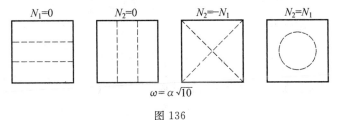

图 136

膜的强迫振动的讨论与弦的强迫振动的讨论完全一样,所不同的只是要把外力 $f(x,y,t)$ 展开为二重傅里叶级数,而不是简单的傅里叶级数.

178. 圆形膜

圆形膜的情形给出把已知函数依贝塞尔函数展开的例——这个例的重要性不仅在于作为对于膜的振动理论的叙述,并且因为在另外的很重要的数学物理问题中会遇到这样的展开式.

因而,我们来讨论圆形膜的自有(自由)振动,它的界线是以坐标原点为心、l 为半径的圆周. 我们依然算作在膜的界线上没有位移. 引用极坐标 (r,θ) 来替代直角坐标 (x,y),这时我们有

$$u\mid_{r=l}=0$$

像在矩形膜的情形一样,我们来求方程(105)的下面形状的特殊解

$$(\alpha\cos\omega t+\beta\sin\omega t)U$$

并且我们算作函数 U 是通过 (r,θ) 来表达的,而不是通过 (x,y) 表达的. 关于函数 U,我们得到同样的微分方程

$$\frac{\partial^2 U}{\partial x^2}+\frac{\partial^2 U}{\partial y^2}+k^2 U=0 \tag{116}$$

不过只是应当把它变换到新的变量 (r,θ). 为此,只需在极坐标来表达拉普拉斯运算子

$$\Delta U=\frac{\partial^2 U}{\partial x^2}+\frac{\partial^2 U}{\partial y^2} \tag{117}$$

我们知道,三个变量的拉普拉斯运算子

$$\Delta U=\frac{\partial^2 U}{\partial x^2}+\frac{\partial^2 U}{\partial y^2}+\frac{\partial^2 U}{\partial z^2}$$

在柱面坐标被表达成下面的形状[119]

$$\Delta U=\frac{1}{\rho}\left[\frac{\partial}{\partial\rho}\left(\rho\frac{\partial U}{\partial\rho}\right)+\frac{1}{\rho}\frac{\partial^2 U}{\partial\varphi^2}+\rho\frac{\partial^2 U}{\partial z^2}\right]$$

算作 U 不依赖于 z,就通过极坐标表达出式(117). 以下我们用 r 来记向量半径的长度以替代 ρ,用 θ 来记极角以替代 φ 有

$$\frac{\partial^2 U}{\partial x^2}+\frac{\partial^2 U}{\partial y^2}=\frac{\partial^2 U}{\partial r^2}+\frac{1}{r}\frac{\partial U}{\partial r}+\frac{1}{r^2}\frac{\partial^2 U}{\partial\theta^2}$$

把方程(116)改写成

$$\frac{\partial^2 U}{\partial r^2}+\frac{1}{r}\frac{\partial U}{\partial r}+\frac{1}{r^2}\frac{\partial^2 U}{\partial\theta^2}+k^2 U=0$$

我们来求它的下面的乘积形状的特殊解

$$U(r,\theta)=T(\theta)\cdot R(r)$$

它给出

$$T(\theta)\left[R''(r)+\frac{1}{r}R'(r)+k^2R(r)\right]+\frac{1}{r^2}T''(\theta)R(r)=0$$

或

$$\frac{T'(\theta)}{T(\theta)}=-\frac{r^2R''(r)+rR'(r)+k^2r^2R(r)}{R(r)}=-\lambda^2$$

结果得到

$$T''(\theta)+\lambda^2 T(\theta)=0 \tag{118}$$

$$R''(r)+\frac{1}{r}R'(r)+\left(k^2-\frac{\lambda^2}{r^2}\right)R(r)=0 \tag{119}$$

方程(118)具有下面形状的一般解

$$T(\theta)=C\cos\lambda\theta+D\sin\lambda\theta$$

因为依照这个问题的意义,函数 U 应当是 θ 的以 2π 为周期的单值周期函数,于是函数 $T(\theta)$ 应当具有同样的性质,所以除非 λ 是整数才可能. 只限制 λ 取正值,我们应当算作 $\lambda=0,1,2,\cdots,n,\cdots$,我们把对应的关于函数 $T(\theta)$ 与 $R(r)$ 的表达式记作

$$T_0(\theta),T_1(\theta),T_2(\theta),\cdots,T_n(\theta),\cdots;R_0(r),R_1(r),R_2(r),\cdots,R_n(r),\cdots$$

由这样的方法,我们得到方程(105)的下面形状的无穷多个解

$$(\alpha\cos\omega t+\beta\sin\omega t)(C\cos n\theta+D\sin n\theta)R_n(r)\quad(\omega=ak) \tag{120}$$

函数 $R_n(r)$ 满足方程(119),只是要用 n 来替代 λ 有

$$R''_n(r)+\frac{1}{r}R'_n(r)+\left(k^2-\frac{n^2}{r^2}\right)R_n(r)=0 \tag{121}$$

在[49]中我们讲过,这方程的一般积分是

$$R_n(r)=C_1 J_n(kr)+C_2 K_n(kr) \tag{122}$$

其中 $J_n(x)$ 是贝塞尔函数,$K_n(x)$ 是贝塞尔方程的第二解,当 $x=0$ 时,它成为无穷大. 因为依照这个问题的意义,要求的解在膜的所有的点,包括坐标原点 $r=0$ 在内,应当保持有界,于是上面关于 $R_n(r)$ 的公式中应当没有含 $K_n(kr)$ 的项,就是说 $C_2=0$. 我们可以算作 $C_1=1$,就是设

$$R_n(r)=J_n(kr) \tag{123}$$

这并不失去普遍性,这时边值条件

$$u\big|_{r=l}=0$$

给出

$$J_n(kl)=0 \tag{124}$$

规定 $kl=\mu$,我们就得到用以确定 μ 的超越方程

$$J_n(\mu)=0 \tag{125}$$

在贝塞尔函数论中证明了它有无穷多个正根

$$\mu_1^{(n)},\mu_2^{(n)},\mu_3^{(n)},\cdots,\mu_m^{(n)},\cdots \tag{126}$$

它们对应于参变数 k 的值

$$k_1^{(n)}, k_2^{(n)}, k_3^{(n)}, \cdots, k_m^{(n)} = \frac{\mu_m^{(n)}}{l}, \cdots \tag{127}$$

根据式(107),得到频率 ω 的值

$$\omega_{m,n} = ak_m^{(n)} \quad (n=0,1,2,\cdots;m=1,2,\cdots) \tag{128}$$

在表 7.1 中,我们给出前六个贝塞尔函数的前九个根.

表 7.1

1	2.404	3.832	5.135	6.379	7.586	8.780
2	5.520	7.016	8.417	9.760	11.064	12.339
3	8.654	10.173	11.620	13.017	14.373	15.700
4	11.792	13.323	14.796	16.224	17.616	18.982
5	14.931	16.470	17.960	19.410	20.827	22.220
6	18.076	19.616	21.117	22.583	24.018	25.431
7	21.212	22.760	24.270	25.749	27.200	28.628
8	24.353	25.903	27.421	28.909	30.371	31.813
9	27.494	29.047	30.571	32.050	33.512	34.983

以下的根可以由下面这个近似公式计算

$$k_m^{(n)} = \frac{1}{4}\pi(2n-1+4m) - \frac{4n^2-1}{\pi(2n-1+4m)} \tag{129}$$

m 愈大时对于给定的 n 这个公式愈准确. 现在我们不能导出这个基本公式(129).

由公式(120)推出,我们所得到的特殊解可以写成

$$(\alpha_{m,n}^{(1)}\cos\omega_{m,n}t + \alpha_{m,n}^{(2)}\sin\omega_{m,n}t)\cos n\theta \cdot J_n(k_m^{(n)}r) +$$
$$(\beta_{m,n}^{(1)}\cos\omega_{m,n}t + \beta_{m,n}^{(2)}\sin\omega_{m,n}t)\sin n\theta \cdot J_n(k_m^{(n)}r)$$
$$(n=1,2,\cdots;m=1,2,\cdots) \tag{130}$$

还要提出,当 $\lambda=0$ 时,方程(118)有解——常数以及 θ. 第二个解不适用,因为它不是周期的. 在这种情形下,公式(120)给出解

$$(\alpha_{m,0}^{(1)}\cos\omega_{m,0}t + \alpha_{m,0}^{(0)}\sin\omega_{m,0}t)J_0(k_m^{(0)}r)$$

这个解也具有(130)的形状(当 $n=0$ 时),所不同的只是当 $n=0$ 时公式(130)中的第二项由于有因子 $\sin n\theta$,所以等于 0.

现在只剩下要满足初始条件

$$u\big|_{t=0} = \varphi_1(r,\theta); \frac{\partial u}{\partial t}\bigg|_{t=0} = \varphi_2(r,\theta) \tag{131}$$

为了这个目的,注意所得到的特殊解,我们可以由下面形状的二重级数来

求 u 有

$$u(r,\theta,t)=\sum_{\substack{n=0\\m=1}}^{\infty}(\alpha_{m,n}^{(1)}\cos\omega_{m,n}t+\alpha_{m,n}^{(2)}\sin\omega_{m,n}t)\cos n\theta\cdot J_n(k_m^{(n)}r)+$$

$$\sum_{\substack{n=0\\m=1}}^{\infty}(\beta_{m,n}^{(1)}\cos\omega_{m,n}t+\beta_{m,n}^{(2)}\sin\omega_{m,n}t)\sin n\theta\cdot J_n(k_m^{(n)}r)$$

计算出

$$\frac{\partial u}{\partial t}=\sum_{\substack{n=0\\m=1}}^{\infty}\omega_{m,n}(\alpha_{m,n}^{(2)}\cos\omega_{m,n}t-\alpha_{m,n}^{(1)}\sin\omega_{m,n}t)\cos n\theta\cdot J_n(k_m^{(n)}r)+$$

$$\sum_{\substack{n=0\\m=1}}^{\infty}\omega_{m,n}(\beta_{m,n}^{(2)}\cos\omega_{m,n}t-\beta_{m,n}^{(1)}\sin\omega_{m,n}t)\sin n\theta\cdot J_n(k_m^{(n)}r)$$

在这两个公式中设 $t=0$,根据式(131),我们就有必要把已知函数 $\varphi_1(r,\theta)$ 与 $\varphi_2(r,\theta)$ 展开为下面形状的二重级数

$$\begin{cases}\varphi_1(r,\theta)=\sum\limits_{\substack{n=0\\m=1}}^{\infty}(\alpha_{m,n}^{(1)}\cos n\theta+\beta_{m,n}^{(1)}\sin n\theta)\cdot J_n(k_m^{(n)}r)\\ \varphi_2(r,\theta)=\sum\limits_{\substack{n=0\\m=1}}^{\infty}\omega_{m,n}(\alpha_{m,n}^{(2)}\cos n\theta+\beta_{m,n}^{(2)}\sin n\theta)\cdot J_n(k_m^{(n)}r)\end{cases} \quad (132)$$

把 θ 的周期函数 $\varphi_1(r,\theta)$ 展开为傅里叶级数,我们就有

$$\varphi_1(r,\theta)=\frac{\varphi_0^{(1)}}{2}+\sum_{n=1}^{\infty}(\varphi_n^{(1)}\cos n\theta+\psi_n^{(1)}\sin n\theta)$$

其中

$$\varphi_n^{(1)}=\frac{1}{\pi}\int_{-\pi}^{\pi}\varphi_1(r,\theta)\cos n\theta\,d\theta;\psi_n^{(1)}=\frac{1}{\pi}\int_{-\pi}^{\pi}\psi_1(r,\theta)\sin n\theta\,d\theta \quad (133)$$

$$(n=0,1,2,\cdots)$$

比较这个表达式与二重级数(132)中的第一个公式,不难求得

$$\varphi_0^{(1)}=2\sum_{m=1}^{\infty}\alpha_{m,0}^{(1)}J_0(k_m^{(0)}r);\varphi_n^{(1)}=\sum_{m=1}^{\infty}\alpha_{m,n}^{(1)}J_n(k_m^{(n)}r)$$

$$\psi_n^{(1)}=\sum_{m=1}^{\infty}\beta_{m,n}^{(1)}J_n(k_m^{(n)}r) \quad (134)$$

显然系数 $\varphi^{(1)}$ 与 $\psi^{(1)}$ 依赖于 r,这可以由它们的表达式(133)看出来. 如此,我们引至把 r 的已知函数展开为依函数 $J_n(k_m^{(n)}r)$ 的级数的问题——对于固定的 n,有了这些表达式,我们就确定出系数 α 与 β,于是所给的问题就完全解了.

于是,我们来看如何把已知函数 $f(r)$ 展开为下面形状的级数

$$f(r)=\sum_{m=1}^{\infty}A_mJ_n(k_m^{(n)}r) \quad (135)$$

我们设这样展开是可能的,并且可以逐项求积分,现在我们只说明如何确定系数 A_m. 为了这个目的,我们先证明:函数
$$J_n(k_1^{(n)}r), J_n(k_2^{(n)}r), \cdots, J_n(k_m^{(n)}r), \cdots$$
具有广义正交性,就是

当 $\sigma \neq \tau$ 时
$$\int_0^l |J_n(k_\sigma^{(n)}r)J_n(k_\tau^{(n)}r)r\mathrm{d}r = 0 \tag{136}$$

实际上,若在方程(121)中,用 $k_\sigma^{(n)2}$ 与 $k_\tau^{(n)2}$ 来替换 k^2,并分别用 $J_n(k_\sigma^{(n)}r)$ 与 $J_n(k_\tau^{(n)}r)$ 来替换 $R_n(r)$,就得到
$$\frac{\mathrm{d}^2 J_n(k_\sigma^{(n)}r)}{\mathrm{d}r^2} + \frac{1}{r}\frac{\mathrm{d}J_n(k_\sigma^{(n)}r)}{\mathrm{d}r} + \left(k_\sigma^{(n)2} - \frac{n^2}{r^2}\right)J_n(k_\sigma^{(n)}r) = 0$$
$$\frac{\mathrm{d}^2 J_n(k_\tau^{(n)}r)}{\mathrm{d}r^2} + \frac{1}{r}\frac{\mathrm{d}J_n(k_\tau^{(n)}r)}{\mathrm{d}r} + \left(k_\tau^{(n)2} - \frac{n^2}{r^2}\right)J_n(k_\tau^{(n)}r) = 0$$

第一个方程乘以 $rJ_n(k_\tau^{(n)}r)$,第二个乘以 $rJ_n(k_\sigma^{(n)}r)$,相减并由 0 到 l 对 r 求积分,就得到
$$(k_\sigma^{(n)2} - k_\tau^{(n)2})\int_0^l J_n(k_\sigma^{(n)}r)J_n(k_\tau^{(n)}r)r\mathrm{d}r =$$
$$\int_0^l \left[\frac{\mathrm{d}^2 J_n(k_\tau^{(n)}r)}{\mathrm{d}r^2}J_n(k_\sigma^{(n)}r) - \frac{\mathrm{d}^2 J_n(k_\sigma^{(n)}r)}{\mathrm{d}r^2}J_n(k_\tau^{(n)}r)\right]r\mathrm{d}r +$$
$$\int_0^l \left[\frac{\mathrm{d}J_n(k_\tau^{(n)}r)}{\mathrm{d}r}J_n(k_\sigma^{(n)}r) - \frac{\mathrm{d}J_n(k_\sigma^{(n)}r)}{\mathrm{d}r}J_n(k_\tau^{(n)}r)\right]\mathrm{d}r$$

用分部积分法,我们有
$$\int \frac{\mathrm{d}^2 J_n(k_\tau^{(n)}r)}{\mathrm{d}r^2}J_n(k_\sigma^{(n)}r)r\mathrm{d}r = \frac{\mathrm{d}J_n(k_\tau^{(n)}r)}{\mathrm{d}r}rJ_n(k_\sigma^{(n)}r) -$$
$$\int \frac{\mathrm{d}J_n(k_\tau^{(n)}r)}{\mathrm{d}r} \cdot \frac{\mathrm{d}[rJ_n(k_\sigma^{(n)}r)]}{\mathrm{d}r}\mathrm{d}r =$$
$$\frac{\mathrm{d}J_n(k_\tau^{(n)}r)}{\mathrm{d}r}rJ_n(k_\sigma^{(n)}r) -$$
$$\int \frac{\mathrm{d}J_n(k_\tau^{(n)}r)}{\mathrm{d}r} \cdot \frac{\mathrm{d}J_n(k_\sigma^{(n)}r)}{\mathrm{d}r}r\mathrm{d}r -$$
$$\int \frac{\mathrm{d}J_n(k_\tau^{(n)}r)}{\mathrm{d}r}J_n(k_\sigma^{(n)}r)\mathrm{d}r$$

同样
$$\int \frac{\mathrm{d}^2 J_n(k_\sigma^{(n)}r)}{\mathrm{d}r^2}J_n(k_\tau^{(n)}r)r\mathrm{d}r = \frac{\mathrm{d}J_n(k_\sigma^{(n)}r)}{\mathrm{d}r}rJ_n(k_\tau^{(n)}r) -$$
$$\int \frac{\mathrm{d}J_n(k_\sigma^{(n)}r)}{\mathrm{d}r} \cdot \frac{\mathrm{d}J_n(k_\tau^{(n)}r)}{\mathrm{d}r}r\mathrm{d}r -$$
$$\int \frac{\mathrm{d}J_n(k_\sigma^{(n)}r)}{\mathrm{d}r}J_n(k_\tau^{(n)}r)r\mathrm{d}r$$

由此不难引出

$$(k_\sigma^{(n)2} - k_\tau^{(n)2})\int_0^l J_n(k_\sigma^{(n)}r)J_n(k_\tau^{(n)}r)rdr =$$

$$r\left[\frac{dJ_n(k_\tau^{(n)}r)}{dr}J_n(k_\sigma^{(n)}r) - \frac{dJ_n(k_\sigma^{(n)}r)}{dr}J_n(k_\tau^{(n)}r)\right]_{r=0}^{r=l}$$

依照 $k_\sigma^{(n)}$, $k_\tau^{(n)}$ 这些数的定义,我们有

$$J_n(k_\sigma^{(n)}l) = J_n(k_\tau^{(n)}l) = 0$$

由此推知,当 $r=l$ 时,上面的等式的右边等于零.由于存在因子 r,并且当 $x=0$ 时,$J_n(x)$ 与 $J'_n(x)$ 是有限的,就可以肯定,当取下限 $r=0$ 时,右边也等于 0,可是因为当 $\sigma \neq \tau$ 时,$k_\sigma^{(n)} \neq k_\tau^{(n)}$,由此推出

$$\int_0^l J_n(k_\sigma^{(n)}r)J_n(k_\tau^{(n)}r)rdr = 0$$

于是证完.

证明了公式(136)之后,就不难确定展开式(135)中的系数 A_m 了:在等式(135)的两边同乘以 $rJ_n(k_p^{(n)}r)$,再由 0 到 l 对 r 求积分并利用公式(136),立刻就求得

$$\int_0^l f(r)J_n(k_p^{(n)}r)rdr = A_p\int_0^l J_n^2(k_p^{(n)}r)rdr$$

于是,我们可以说,只要展开式(135)是可能的并且它可以逐项求积分,则系数 A_m 由下面的公式确定

$$A_m = \frac{\int_0^l f(r)J_n(k_m^{(n)}r)rdr}{\int_0^l J_n^2(k_m^{(n)}r)rdr}$$

现在公式(133)与(134)给出下面的关于系数 $\alpha^{(1)}$ 与 $\beta^{(1)}$ 的表达式

$$\alpha_{m,0}^{(1)} = \frac{1}{2}\frac{\int_0^l \varphi_0^{(1)}J_0(k_m^{(0)}r)rdr}{\int_0^l J_0^2(k_m^{(0)}r)rdr} = \frac{1}{2\pi\int_0^l J_0^2(k_m^{(0)}r)rdr}\int_{-\pi}^{\pi}d\theta\int_0^l \varphi_1(r,\theta)J_0(k_m^{(0)}r)rdr$$

$$\alpha_{m,n}^{(1)} = \frac{1}{\pi\int_0^l J_n^2(k_m^{(n)}r)rdr}\int_{-\pi}^{\pi}d\theta\int_0^l \varphi_1(r,\theta)\cos n\theta J_n(k_m^{(n)}r)rdr$$

$$\beta_{m,n}^{(1)} = \frac{1}{\pi\int_0^l J_n^2(k_m^{(n)}r)rdr}\int_{-\pi}^{\pi}d\theta\int_0^l \varphi_1(r,\theta)\sin n\theta J_n(k_m^{(n)}r)rdr$$

利用同样的理由,可以确定出系数 $\alpha^{(2)}$ 与 $\beta^{(2)}$ —— 只是需要在上面的公式中用 φ_2 来替换 φ_1 并把对应的表达式用 $\omega_{m,n}$ 除.

像在矩形膜的情形一样,圆形膜的一般运动是由无穷多的自有调和振动组成的,并且同一的频率可以对应于无穷多的不同的节线分布情形:图137上表

示出节线分布的一些情形,附注有对应的频率,这里取基本音的频率作1;图上还注有圆周形节线的半径,这些半径是以膜的半径为1计算的.

在任何的界线的情形,应用傅里叶方法时,可以依据公式(106)分出依赖于 t 的因子,就引至方程

$$\frac{\partial^2 U}{\partial x^2}+\frac{\partial^2 U}{\partial y^2}+k^2 U=0 \quad (137)$$

于是需要确定出参变数 k 使得这方程有非零的满足边值条件(102)的解的那些值以及这些解. 在以前的例中,我们是继续借助于变量分

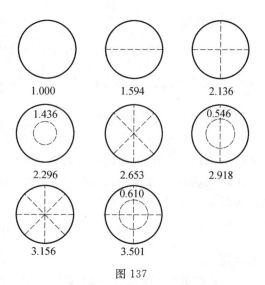

图 137

离的方法作出来的. 在一般情形下不能应用这个方法,就需要直接考虑方程(137). 自然,问题就不能解出显示的形式. 在第四卷中,我们讲这个问题的理论的解法以及一些实际的结果. 在三维空间的长方体的情形下,关于波动方程的边值问题像在[177]中一样解决,不过只是要引出三个变量的傅里叶级数. 球的情形仍然要引用贝塞尔函数. 在第三卷中,我们较仔细地讨论贝塞尔函数的理论时将谈到这些.

179. 唯一性定理

现在我们就无界空间的情形,当给定初始条件时,以及存在边值条件时来证明波动方程的解的唯一性. 为了写起来简单,我们算作 $a=1$,这只要在波动方程中用 $\frac{t}{a}$ 替换 t 就是了. 为确定起见,我们取三个自变量的情形,就是波动方程

$$\frac{\partial^2 u}{\partial t^2}=\frac{\partial^2 u}{\partial x^2}+\frac{\partial^2 u}{\partial y^2} \quad (138)$$

先考虑在整个平面上具有一个初始条件的问题

$$u\mid_{t=0}=\varphi(x,y);\ \frac{\partial u}{\partial t}\bigg|_{t=0}=\varphi_1(x,y) \quad (139)$$

以前我们已经有了这个问题的解[172]. 由[172]中的方法可以得到这个问题的解的唯一性. 现在我们对于唯一性给一个另外的证明,它可以应用于具有边值条件的问题. 如果方程(138)具有初始条件(139)时有两个解 u_1 与 u_2,则差 u_2-u_1 应当满足方程(138)及齐次初始条件

$$u\big|_{t=0}=0;\ \frac{\partial u}{\partial t}\bigg|_{t=0}=0 \tag{140}$$

需要证明,这时当(x,y)取任何值而t取任何大于零的值时,u应当恒等于零. 考虑三维空间(x,y,t),在其中取某一点$N(x_0,y_0,t_0)$而要$t_0>0$. 以这点为顶点引一个锥面

$$(x-x_0)^2+(y-y_0)^2+(t-t_0)^2=0 \tag{141}$$

直到与平面$t=0$相交. 再做一个平面$t=t_1$,其中$0<t_1<t_0$,设D是一个三维的区域,以上述的锥侧面Γ以及出现在这个锥之内的部分平面$t=0$与$t=t_1$为界(D是截锥). 不难验证下面这个简单的恒等式

$$2\frac{\partial u}{\partial t}\left(\frac{\partial^2 u}{\partial t^2}-\frac{\partial^2 u}{\partial x^2}-\frac{\partial^2 u}{\partial y^2}\right)=\frac{\partial}{\partial t}\left[\left(\frac{\partial u}{\partial x}\right)^2+\left(\frac{\partial u}{\partial y}\right)^2+\left(\frac{\partial u}{\partial t}\right)^2\right]-$$
$$2\frac{\partial}{\partial x}\left(\frac{\partial u}{\partial t}\frac{\partial u}{\partial x}\right)-2\frac{\partial}{\partial y}\left(\frac{\partial u}{\partial t}\frac{\partial u}{\partial y}\right) \tag{142}$$

把它的两边沿上述区域D求积分. 左边的积分应当等于0,因为u是方程(138)的解. 利用奥斯特罗格拉德斯基公式可以把右边的积分变换为沿区域D的界面的积分

$$\iint\left\{\left[\left(\frac{\partial u}{\partial x}\right)^2+\left(\frac{\partial u}{\partial y}\right)^2+\left(\frac{\partial u}{\partial t}\right)^2\right]\cos(n,t)-2\frac{\partial u}{\partial t}\frac{\partial u}{\partial x}\cos(n,x)-\right.$$
$$\left. 2\frac{\partial u}{\partial t}\frac{\partial u}{\partial y}\cos(n,y)\right\}\mathrm{d}s \tag{143}$$

根据初始条件(140),在截锥D的下底,函数u及其所有的一阶偏微商都等于零,于是沿下底做的积分(143)等于零. 在上底σ_{t_1}上,我们有

$$\cos(n,x)=\cos(n,y)=0;\ \cos(n,t)=1$$

在锥的侧面Γ法线的方向余弦满足关系式

$$\cos^2(n,t)-\cos^2(n,x)-\cos^2(n,y)=0$$

于是沿着Γ作的积分(143)可以写成下面的形状

$$J=\iint_{\Gamma}\frac{1}{\cos(n,t)}\left\{\left[\frac{\partial u}{\partial x}\cos(n,t)-\frac{\partial u}{\partial t}\cos(n,x)\right]^2+\right.$$
$$\left.\left[\frac{\partial u}{\partial y}\cos(n,t)-\frac{\partial u}{\partial t}\cos(n,y)\right]^2\right\}\mathrm{d}s$$

我们最后得到

$$J+\iint_{\sigma_{t_1}}\left[\left(\frac{\partial u}{\partial x}\right)^2+\left(\frac{\partial u}{\partial y}\right)^2+\left(\frac{\partial u}{\partial t}\right)^2\right]\mathrm{d}s=0$$

在曲面Γ上$\cos(n,t)>0$,于是推知$J\geqslant 0$,所以

$$\iint_{\sigma_{t_1}}\left[\left(\frac{\partial u}{\partial x}\right)^2+\left(\frac{\partial u}{\partial y}\right)^2+\left(\frac{\partial u}{\partial t}\right)^2\right]\mathrm{d}s=0$$

由此推知,在以$N(x_0,y_0,t_0)$为顶点的整个锥体的内部,在所有的点,函数u的

一阶偏微商等于 0，于是，这个函数 u 是常数。根据式 (140) 在锥底上，它等于 0，于是推知，在点 N, u 也等于零。上面所讲的唯一性定理的证明不难推广到关于方程 (138) 的边值问题的情形。设给定了初始条件及关于平面 (x, y) 上某一区域 B 的界线 l 的边值条件，要求方程 (138) 在区域 B 上的解。以 B 为底作一个柱面，使它的母线平行于 t 轴。这柱面上每一个点对应于区域 B 上一个确定的点以及一个确定的时刻 t。在该区域 B 上，我们有零初始条件，并设在区域 B 的界线 l 上，我们有齐次边值条件

$$u\mid_l = 0 \tag{144}$$

我们来证明，在上述柱面的所有的点，函数 u 等于零。取这样一点 N 并过这点作一个锥 (141)。设 D 是介于这个锥的侧面、上述柱面以及平面 $t=0$ 与 $t=t_1$ 之间的区域。再把恒等式 (142) 的两边沿这个区域求积分。以前的全部理由都有效，只是在右边出现沿柱面的积分。只要这个积分等于零，则上面的唯一性定理的证明全部有效。在沿柱面的积分中，被积函数与积分 (143) 的被积函数全同。不过在柱面上，我们有 $\cos(n, t) = 0$，此外并且在这柱面上 $\frac{\partial u}{\partial t} = 0$。后面这个等式是由下述事实直接推出的：柱面上的点代表在不同的时刻 t 的界线 l 上的点，而在界线 l 上对于任何的 t，我们有边值条件 (144)。如此在整个柱面上积分 (143) 的被积函数等于零，于是上面所讲的唯一性定理的证明，对边值问题叙述时，也完全有效。证明唯一性定理时，我们曾经求式 (142) 右边的表达式沿区域 D 的积分，并且应用了奥斯特罗格拉德斯基公式。只要我们假定函数 u 有直到二阶的连续微商，并且它们在区域 D 内保持有界，这些运算就是完全合法的。

180. 傅里叶积分的应用

现在我们在直线的情形对于半无界区域 $x \geqslant 0$ 来考虑波动方程

$$\frac{\partial^2 u}{\partial t^2} = a^2 \frac{\partial^2 u}{\partial x^2} \tag{145}$$

具有初始条件

$$u\mid_{t=0} = \varphi(x); \quad \left.\frac{\partial u}{\partial t}\right|_{t=0} = \varphi_1(x) \tag{146}$$

以及边值条件

$$u\mid_{x=0} = 0 \tag{147}$$

用 [166] 中所讲的方法不难解决这个问题。实际上，只需依照奇函数的规律把给定在区间 $(0, +\infty)$ 上的函数 $\varphi(x)$ 与 $\varphi_1(x)$ 开拓到区间 $(-\infty, 0)$ 上，然后再应用关于无界弦的公式 (17)。在这公式中令 $x = 0$，我们得到

$$u\mid_{x=0} = \frac{\varphi(-at) + \varphi(at)}{2} + \int_{-at}^{at} \varphi_1(z)\,\mathrm{d}z$$

根据 $\varphi(x)$ 与 $\varphi_1(x)$ 的开拓的奇性,这两项都等于零,于是边值条件确实满足.

若对所给的问题应用傅里叶法,则替代傅里叶级数,我们得到傅里叶积分. 我们在[167]中看到,考虑到边值条件,应用傅里叶法时引至下面形状的解
$$u = (A\cos akt + B\sin akt)\sin kx$$

因为没有第二个边值条件,所以参变数 k 的所有的值都是被允许的,就是说,半无界弦可能有的频率 k 是完完全全的. 替代我们在[167]中应用过的依 k 的个别的值求和,在这情形下,我们应当对参变数 k 求积分,自然要算作 A 与 B 是 k 的函数. 如此,我们得到
$$u(x,t) = \int_{-\infty}^{+\infty} [A(k)\cos akt + B(k)\sin akt] \tag{148}$$

函数 $A(k)$ 与 $B(k)$ 应当由初始条件(146)来确定. 它们给出
$$\varphi(x) = \int_{-\infty}^{+\infty} A(k)\sin kx\, dk \tag{149}$$
$$\varphi_1(x) = \int_{-\infty}^{+\infty} akB(k)\sin kx\, dk$$

比较这两个公式以及关于奇函数的傅里叶公式
$$f(x) = \frac{1}{\pi}\int_{-\infty}^{+\infty}\left[\int_{0}^{+\infty} f(t)\sin \alpha t\, dt\right]\sin \alpha x\, d\alpha$$

我们就确定出函数 $A(k)$ 与 $B(k)$ 有
$$A(k) = \frac{1}{\pi}\int_{0}^{+\infty}\varphi(\xi)\sin k\xi\, d\xi$$
$$B(k) = \frac{1}{\pi ak}\int_{0}^{+\infty}\varphi_1(\xi)\sin k\xi\, d\xi$$

代入到公式(148)中,就得到这个问题的解
$$u(x,t) = \frac{1}{\pi}\int_{-\infty}^{+\infty}\left[\int_{0}^{+\infty}\left[\varphi(\xi)\cos akt + \frac{1}{ak}\varphi_1(\xi)\sin akt\right]\sin k\xi \sin kx\, d\xi\right]dk$$

或者,注意被积函数作为 k 的函数是偶函数
$$u(x,t) = \frac{2}{\pi}\int_{0}^{+\infty}\left[\int_{0}^{+\infty}\left[\varphi(\xi)\cos akt + \frac{1}{ak}\varphi_1(\xi)\sin akt\right]\sin k\xi\, d\xi\right]\sin kx\, dk$$

在 $\varphi(x)$ 与 $\varphi_1(x)$ 是奇函数的条件下,利用傅里叶公式,不难验证这公式的右边与公式(17)的右边全同.

完全类似的可以考虑方程
$$\frac{\partial^2 u}{\partial t^2} = a^2\left(\frac{\partial^2 u}{\partial x^2} + \frac{\partial^2 u}{\partial y^2}\right)$$

关于半平面 $y \geqslant 0$ 的边值问题,具有边值条件
$$u\big|_{y=0} = 0 \tag{150}$$

以及任何的初始条件

$$u\mid_{t=0}=\varphi(x,y);\frac{\partial u}{\partial t}\bigg|_{t=0}=\varphi_1(x,y) \qquad (151)$$
$$(-\infty<x<+\infty;y\geqslant 0)$$

在把函数 $\varphi(x,y)$ 与 $\varphi_1(x,y)$ 依变量 y 作奇性开拓到区间 $(-\infty,0)$ 上的条件下, 不难验证, 公式(80)给出了这个问题的解. 实际上, 当 $y=0$ 时, 公式(80)的第一项可以写成下面的形状

$$\frac{1}{2\pi a}\int_{x-at}^{x+at}\left[\int_{-\sqrt{a^2t^2-(\alpha-x)^2}}^{+\sqrt{a^2t^2-(\alpha-x)^2}}\frac{\varphi_1(\alpha,\beta)}{\sqrt{a^2t^2-(\alpha-x)^2-\beta^2}}\mathrm{d}\beta\right]\mathrm{d}\alpha$$

对于任何的 x 与 t, 里边的积分等于零, 因为被积函数是 β 的奇函数. 完全类似的, 公式(80)的第二项也等于零, 所以实际上满足条件(150). 对于所考虑的这个问题也可以应用傅里叶法, 这就要利用傅里叶积分来表示两个变数的函数. 检验用这样的方法所得到的解与由公式(80)所确定的解的全同, 与在直线的情形相比是较为艰巨的. 完全类似的, 可以在半空间 $z\geqslant 0$ 具有边值条件 $u\mid_{z=0}=0$ 时考虑波动方程. 在无界的情形, 只有初始条件时, 对于波动方程的解也可以应用傅里叶法. 不过应用傅里叶法同我们以上用的方法相比会将问题引至较复杂的计算.

§2 电报方程

181. 基本方程

以上讨论的两种方法: 特征线法(达朗贝尔)与驻波法(傅里叶), 可以有效地应用于电报方程的讨论, 这个方程在沿着电线的似稳电振动的传播理论中有基本的作用.

设有由一来一往的导线 l 组成的线路. 我们算作沿着整个线路均匀分布的、有依照单位长计算的欧姆电阻 R, 自感 L, 电容 C 以及绝缘电漏 A, 这个情形与我们在[Ⅰ,181]中所讨论的不同, 那时电阻、自感与电容是集中在线路的几个独立的点的, 而在线路的其他部分我们忽略不计. 用 v 与 i 来记在线路的距离一端 $x=0$ 为 x 的断面处的电动势与电流强度. x 与 t 的这两个函数由两个微分方程联系着, 我们现在引出这两个方程.

对于线路的单元 $\mathrm{d}x$ 应用感应定理, 我们应当写成在这单元上的电动势降落

$$v-(v+\mathrm{d}v)=-\mathrm{d}v=-\frac{\partial v}{\partial x}\mathrm{d}x$$

是由欧姆电阻与自感所产生的 $R\mathrm{d}x \cdot i$ 与 $Lx\dfrac{\partial i}{\partial t}$ 形成的，用 $\mathrm{d}x$ 除就得到

$$\frac{\partial v}{\partial x}+L\frac{\partial i}{\partial t}+Ri=0 \tag{1}$$

再者，在进入与穿出单元 $\mathrm{d}x$ 的两点间的电流强度差

$$i-(i+\mathrm{d}i)=-\mathrm{d}i=-\frac{\partial i}{\partial x}\mathrm{d}x$$

是由负载电流 $C\mathrm{d}x\dfrac{\partial v}{\partial t}$ 与电漏电流 $A\mathrm{d}x \cdot v$ 形成的，这就给出

$$\frac{\partial i}{\partial x}+C\frac{\partial v}{\partial t}+Av=0 \tag{2}$$

在线路的两端应当满足的边值条件具有很重要的意义. 如果线路的端是开的，则在这端，我们应当有

$$i=0 \quad (\text{当 } x=0 \text{ 或 } x=l \text{ 时}) \tag{3}$$

一般来说，如果在线路的一端是由外电动力 E，电阻 r 与自感 λ 关闭的，则在这端，我们应当有

$$v=E+ri+\lambda\frac{\mathrm{d}i}{\mathrm{d}t} \quad (\text{当 } x=0 \text{ 或 } x=l \text{ 时}) \tag{4}$$

特别地，如果一端 $x=0$ 受到电动势 E 的作用，而另一端短路封闭，我们就有

$$\begin{cases} v\mid_{x=0}=E \\ v\mid_{x=l}=0 \end{cases} \tag{5}$$

182. 稳定过程

我们先就稳定过程谈一谈，设作用在线路上的外电动力是：1) 常量；2) 正弦量，在第一种情形，我们算作 v 与 i 不依赖于 t.

a. 在第一种情形下，方程(1)与(2)给出

$$\begin{aligned}\frac{\mathrm{d}v}{\mathrm{d}x}+Ri=0 \\ \frac{\mathrm{d}i}{\mathrm{d}x}+Av=0\end{aligned} \tag{6}$$

由第一个方程求微商并注意第二个方程，就得到

$$\frac{\mathrm{d}^2 v}{\mathrm{d}x^2}-RAv=0 \tag{7}$$

依照[27]中所讲的方法立刻可以确定出函数 v，我们求得

$$v(x)=C_1 \mathrm{e}^{bx}+C_2 \mathrm{e}^{-bx} \tag{8}$$

其中

$$b = \sqrt{RA}$$

确定了 v，再由(6)中第一个方程就求得 i 有

$$i(x) = -\frac{1}{R}\frac{\mathrm{d}v}{\mathrm{d}x} = -\frac{b}{R}(C_1 \mathrm{e}^{bx} - C_2 \mathrm{e}^{-bx}) \tag{9}$$

例 在线路的一端受到常电动势 E 的作用，而在另一端短路封闭的情形，我们有条件(5)，由这个条件可以确定在公式(8)中出现的任意常数

$$C_1 + C_2 = E$$
$$C_1 \mathrm{e}^{bl} + C_2 \mathrm{e}^{-bl} = 0$$

由此

$$C_1 = -\frac{E}{\mathrm{e}^{2bl} - 1} = -\frac{E\mathrm{e}^{-bl}}{\mathrm{e}^{bl} - \mathrm{e}^{-bl}}$$

$$C_2 = \frac{E\mathrm{e}^{bl}}{\mathrm{e}^{bl} - \mathrm{e}^{-bl}}$$

代入到公式(8)中就得到

$$v(x) = E\frac{\mathrm{e}^{b(l-x)} - \mathrm{e}^{-b(l-x)}}{\mathrm{e}^{bl} - \mathrm{e}^{-bl}} = E\frac{\mathrm{sh}\, b(l-x)}{\mathrm{sh}\, bl} \tag{10_1}$$

于是公式(9)给出

$$i(x) = E\sqrt{\frac{A}{R}}\frac{\mathrm{ch}\, b(l-x)}{\mathrm{sh}\, bl} \tag{10_2}$$

b. 现在设在线路上有周期固定为 ω 的正弦量的外电动力的作用，这时我们可以像在[Ⅰ,180]中所做的一样，由实际的物理量转变为向量，并把强迫振动理解为线路上电流与电动势的同周期 ω 的正弦量的振动。回忆[Ⅰ,180]中的法则，引用电流向量 $\boldsymbol{I}$ 与电动势向量 $\boldsymbol{V}$，在所考虑的情形下，它们依赖于 x，我们可以把微分方程(1)与(2)改写为下面的形状

$$\frac{\mathrm{d}\boldsymbol{V}}{\mathrm{d}x} + (R + i\omega L)\boldsymbol{I} = 0;\ \frac{\mathrm{d}\boldsymbol{I}}{\mathrm{d}x} + (A + i\omega C)\boldsymbol{V} = 0 \tag{11}$$

由第一个方程对 x 求微商并利用第二个方程，消去 $\boldsymbol{I}$ 就得到

$$\frac{\mathrm{d}^2\boldsymbol{V}}{\mathrm{d}x^2} - (R + i\omega L)(A + i\omega C)\boldsymbol{V} = 0$$

不难证明，对于 $\boldsymbol{I}$ 可以得到完全相同的方程。

因而，$\boldsymbol{I}$ 与 $\boldsymbol{V}$ 是同一个二阶微分方程的解。应用[27]中的方法并规定

$$(R + i\omega L)(A + i\omega C) = \chi^2 \tag{12}$$

就有

$$\boldsymbol{V} = \boldsymbol{A}_1 \mathrm{e}^{\chi x} + \boldsymbol{A}_2 \mathrm{e}^{-\chi x} \tag{13}$$

其中 $\boldsymbol{A}_1$ 与 $\boldsymbol{A}_2$ 是任意常向量。代入到(11)的第一个方程中，就确定出向量

$$\boldsymbol{I} = -\frac{1}{R + i\omega L}\frac{\mathrm{d}\boldsymbol{V}}{\mathrm{d}x} = \sqrt{\frac{A + i\omega C}{R + i\omega L}}(\boldsymbol{A}_2 \mathrm{e}^{-\chi x} - \boldsymbol{A}_1 \mathrm{e}^{\chi x}) \tag{14}$$

为了彻底解决这个问题,还应当确定出常向量 A_1 与 A_2,这可以利用两个边值条件来做(自然这里不必谈初始条件),并且替代对于每一端分别给一个条件,也可以对于同一端给两个条件,例如,给出电动势向量与电流向量.

无论如何,公式(13)与(14)确定出了强迫振动向量,它们依赖于 x,就是说,沿着线路振动与相都改变.把每一个向量 $m+ni$ 用复变数平面上的点来表示并把 x 由 0 改变到 l,对于 V 与 I 就得到两条曲线——电动势与电流的向量图.确定这两条曲线时,一般来说,应当把 χ 理解作复数,设

$$\chi = a + ib$$

我们就有

$$V = A_1 e^{ax}(\cos bx + i\sin bx) + A_2 e^{-ax}(\cos bx - i\sin bx)$$

右边的每一项给出一条螺线[Ⅰ,183],由这两条螺线用"几何相加"的方法就得到 V.曲线 V 上对应于 x 的任何一个值的点的向量半径,就等于这两条螺线上对应于 x 的同一个值的点的向量半径的几何和,对于向量 I 可以同样来做.引进因子

$$v = \sqrt{\frac{R + i\omega L}{A + i\omega C}} \tag{15}$$

它叫作波阻,关于 V 与 I 的表达式就可以写成下面的形状

$$V = A_1 e^{\chi x} + A_2 e^{-\chi x}; \quad I = \frac{1}{v}(A_2 e^{-\chi x} - A_1 e^{\chi x}) \tag{16}$$

如果我们由向量形式转换为普通形式,关于未知函数 v 与 i 就得到下面形状的表达式

$$v = V(x)\sin[\omega t + \psi(x)]; \quad i = I(x)\sin[\omega t + \chi(x)] \tag{17}$$

它们给出与外力同周期 ω 的调和振动,其中振动 $V(x)$ 与 $I(x)$ 以及相 $\psi(x)$ 与 $\chi(x)$ 都依赖于所考虑的线路的断面的位置.

c. 一端受到正弦量的电动势的作用,另一端是开的线路.把在端点 $x=0$ 的已知电动势向量记作 V_0.除方程(11)外,我们还有边值条件

$$V|_{x=0} = V_0; \quad I|_{x=l} = 0$$

根据公式(16),它们给出

$$A_1 + A_2 = V_0; \quad A_2 e^{-\chi l} - A_1 e^{\chi l} = 0$$

解这两个方程并代入到方程(16)中,不难求得

$$V = V_0 \frac{\operatorname{ch}\chi(l-x)}{\operatorname{ch}\chi l}; \quad I = \frac{V_0}{v} \cdot \frac{\operatorname{sh}\chi(l-x)}{\operatorname{ch}\chi l}$$

当 $x=0$ 时,我们得到在点 $x=0$ 的复数电阻

$$\varphi_0 = v \frac{\operatorname{ch}\chi l}{\operatorname{sh}\chi l}$$

183. 暂态过程

现在我们来比较在同一个线路中受到不同的外在因素的作用时的两种强迫振动的形态，我们用记号（Ⅰ）与（Ⅱ）来记这两种振动．把振动形态（Ⅰ）的电动势与电流记作 v_1 与 i_1，形态（Ⅱ）的同样的量记作 v_2 与 i_2．

如果我们突然改换外在的条件，把使振动（Ⅰ）在进行的条件换成应当得到形态（Ⅱ）的条件，那时系统并不立刻由（Ⅰ）变换为（Ⅱ），而在多多少少的一个长期的时间区间，理论上讲，这个区间可以是无穷的，但实际是有限的，在线路中发生自由振动（或暂态的），这个振动我们用电动势 v 与电流 i 的大小来表现，并且我们将算作在转换过程的时间中，线路的状态是由状态（Ⅱ）与这自由阻尼振动相加得来的，就是说转换过程中电动势与电流由下面的和来确定

$$v_2 + v ; i_2 + i \tag{18}$$

当 $t=0$ 时，就是在转换过程开始时，这两个和应该是 v_1 与 i_1．函数 v 与 i 应当满足微分方程（1）与（2）[181] 以及边值条件（3）或（4），这要看在两端的条件．此外，它们还应当满足下面状态的初始条件

$$v\mid_{t=0} = (v_1 - v_2)\mid_{t=0} = g(x) \tag{19}$$

$$i\mid_{t=0} = (i_1 - i_2)\mid_{t=0} = \sqrt{\frac{C}{L}} h(x)^{①}$$

我们不直接求未知函数 v 与 i，而通过一个新的未知函数 w 来表达它们，为此我们设

$$v = \frac{\partial w}{\partial x}$$

这时方程（2）给出

$$\frac{\partial i}{\partial x} + C \frac{\partial^2 w}{\partial x \partial t} + A \frac{\partial w}{\partial x} = \frac{\partial}{\partial x}\left(i + C \frac{\partial w}{\partial t} + Aw\right) = 0$$

由此

$$i + C \frac{\partial w}{\partial t} + Aw = c$$

其中 c 不依赖于 x．我们可以算作 $c=0$，这并不失去一般性，因为对于 w 可以加上不依赖于 x 的任意一项，这并不改变 $v = \frac{\partial w}{\partial x}$．

于是我们有

$$v = \frac{\partial w}{\partial x}, i = -C \frac{\partial w}{\partial t} - Aw \tag{20}$$

---

① 引进因子 $\sqrt{\frac{C}{L}}$ 是为了简化以下的计算．

满足方程(2).把式(20)代入到方程(1)中,就得到函数 $w(x,t)$ 应当满足的方程,就是

$$\frac{\partial}{\partial x}\left(\frac{\partial w}{\partial x}\right) - L\frac{\partial}{\partial t}\left(C\frac{\partial w}{\partial t} + Aw\right) - R\left(C\frac{\partial w}{\partial t} + Aw\right) = 0$$

或

$$\frac{\partial^2 w}{\partial x^2} - LC\frac{\partial^2 w}{\partial t^2} - (LA + RC)\frac{\partial w}{\partial t} - RAw = 0 \qquad (21)$$

这个方程叫作电报方程.

为要简化这个方程,我们依照下面的公式引入一个新的未知函数 $u(x,t)$ 有

$$w(x,t) = \mathrm{e}^{-\mu t} u(x,t) \qquad (22)$$

并设法选择常因子 μ 以使得在方程中没有含有 $\dfrac{\partial u}{\partial t}$ 的项.求微商并消去 $\mathrm{e}^{-\mu t}$ 就得到

$$\frac{\partial^2 u}{\partial x^2} - LC\left(\mu^2 u - 2\mu\frac{\partial u}{\partial t} + \frac{\partial^2 u}{\partial t^2}\right) - (LA + RC)\left(-\mu u + \frac{\partial u}{\partial t}\right) - RAu = 0$$

于是对于这个线路的方程只需依照下面的条件来选择 μ 有

$$2\mu LC - (LA + RC) = 0$$

就是

$$\mu = \frac{LA + RC}{2LC} \qquad (23)$$

代入这个 μ 的值,经过简单的变换就得到关于 u 的方程

$$\frac{\partial^2 u}{\partial t^2} = \frac{1}{LC}\frac{\partial^2 u}{\partial x^2} + \delta^2 u \qquad (24)$$

其中

$$\delta = \frac{LA - RC}{2LC}$$

先取 δ 可以忽略不计或是它恰好等于 0 的情形,也就是

$$\frac{R}{L} = \frac{A}{C} \qquad (25)$$

在这种情形下

$$\mu = \frac{R}{L} \qquad (26)$$

我们设

$$\frac{1}{LC} = a^2 \qquad (27)$$

关于 u 就得到以前讨论过的方程

$$\frac{\partial^2 u}{\partial t^2}=a^2\frac{\partial^2 u}{\partial x^2} \tag{28}$$

它的一般解是[164]
$$u(x,t)=\theta_1(x-at)+\theta_2(x+at) \tag{29}$$

常数 $a=\sqrt{\dfrac{1}{LC}}$ 给出颤动沿着电缆的传播速度. 公式(22) 给出

$$w(x,t)=\mathrm{e}^{-\mu t}[\theta_1(x-at)+\theta_2(x+at)]$$

最后由公式(20) 得到

$$v(x,t)=\frac{\partial w}{\partial x}=\mathrm{e}^{-\mu t}[\theta'_1(x-at)+\theta'_2(x+at)]$$

$$i(x,t)=-C\frac{\partial w}{\partial t}-Aw=-\mathrm{e}^{-\mu t}[-aC\theta'_1(x-at)+aC\theta'_2(x+at)-$$
$$\mu C\theta_1(x-at)-\mu C\theta_2(x+at)+A\theta_1(x-at)+A\theta_2(x+at)]=$$
$$aC\mathrm{e}^{-\mu t}[\theta'_1(x-at)-\theta'_2(x+at)]$$

因为,根据式(26) 与(25),显然 $\mu C=A$,于是后面几项相消了. 直接引用下列的函数来替代任意函数 θ_1 与 θ_2 比较方便些

$$\varphi_1(x)=\theta'_1(x);\varphi_2(x)=\theta'_2(x)$$

于是结果得到关于 v 与 i 的下面形状的表达式

$$\begin{cases} v(x,t)=\mathrm{e}^{-\mu t}[\varphi_1(x-at)+\varphi_2(x+at)] \\ i(x,t)=\dfrac{\mathrm{e}^{-\mu t}}{\alpha}[\varphi_1(x-at)-\varphi_2(x+at)] \end{cases} \tag{30}$$

其中为简短起见,我们设 $\alpha=\sqrt{\dfrac{L}{C}}$. 我们以后就利用这几个表达式. 函数 $\varphi_1(x)$ 与 $\varphi_2(x)$ 要由初始条件(19)来确定,它们给出

$$\varphi_1(x)+\varphi_2(x)=g(x);\varphi_1(x)-\varphi_2(x)=h(x)$$

由此

$$\varphi_1(x)=\frac{g(x)+h(x)}{2};\varphi_2(x)=\frac{g(x)-h(x)}{2} \tag{31}$$

如果函数 $g(x)$ 与 $h(x)$ 或者 $\varphi_1(x)$ 与 $\varphi_2(x)$ 在整个区间 $(-\infty,+\infty)$ 上是已知的,这个问题就算是解决了. 事实上,若是只在区间 $(0,l)$ 上,它们是已知的,这时为要利用所得到的解,就需要把它们开拓到这区间之外. 这可以像在弦的情形中似的借助边值条件来做,这里,这个开拓的物理意义并非别的,只是由线路的两端产生的波的一种或其他种形状的反射.

所得到的解(30)对应的现象就类似于以前我们在弦的情形所讨论的现象. 这里我们有两个波,正的以及反的,它们达到两端时,被反射回来. 与弦的情形所不同的是有因子 $\mathrm{e}^{-\mu t}$ 存在,这个因子随着时间逐渐下降,而引起振动的阻尼,指数 μ 是阻尼的对数指标,它愈大时,下降的愈快.

184. 例

如果一端 $x=l$ 是开的,则根据式(30),由条件
$$i\mid_{x=l}=0$$
得到
$$\varphi_2(l+at)=\varphi_1(l-at)$$
或者用 x 替换 at 有
$$\varphi_2(l+x)=\varphi_1(l-x)$$
就是说,在这一端波的反射保持大小与符号都不变,因为函数 $\varphi_2(x)$ 是函数 $\varphi_1(x)$ 的偶开拓. 自然如果点 $x=0$ 是开端会得到同样的结果.

如果在一端 $x=l$ 短路封闭,就是说
$$v\mid_{x=l}=0$$
则,注意式(30)并用 x 替换 at,就得到
$$\varphi_2(l+x)=-\varphi_1(l-x)$$
就是说,波的反射保持绝对大小,但要变号,因为函数 $\varphi_2(x)$ 是函数 $\varphi_1(x)$ 的奇开拓. 以下的开拓像在弦的情形一样.

a. 在线路的开端加入一个频率为 ω 的变化的调和电流. 我们在[182]讲过的频率为 ω 的调和振动
$$v_2=V(x)\sin[\omega t+\psi(x)];\ i_2=I(x)\sin[\omega t+\chi(x)]$$
就对应于结果的稳定状态(Ⅱ).

如果在开通的线路上不加入什么,则我们有
$$v_1=0$$
$$i_1=0$$
所以,根据公式(19),初始条件是
$$v\mid_{t=0}=-V(x)\sin\psi(x)=g(x)$$
$$i\mid_{t=0}=-I(x)\sin\chi(x)=\frac{1}{a}h(x)$$

边值条件如下:在开端 $x=l$ 应有
$$i\mid_{x=l}=0$$
在另一端 $x=0$,我们应当算作
$$v\mid_{x=0}=0$$
因为在考虑暂态过程中,我们的兴趣只在于由具有频率为 ω 的强迫振动的线路的初始条件的不同所发生的振动. 我们依照公式(31)来确定函数 $\varphi_1(x)$ 与 $\varphi_2(x)$,然后在端 $x=l$ 作偶性开拓,在端点 $x=0$ 作奇性开拓.

b. 在开线路的 $x=0$ 的一端加入常电动势 E,而另一个保持是开的,在表达式(18)中就要写成

$$v_2 = E$$
$$i_2 = 0$$

注意,如果算作 $A=0$,就是说忽略绝缘电漏不计,则这两个量满足方程(1)与(2). 条件(25)指出,这时应当是 $R=0$,就是说欧姆电阻也忽略不计. 这时

$$v\mid_{t=0} = g(x) = -E; i\mid_{t=0} = \frac{h(x)}{a} = 0$$

公式(31)给出:

当 $0 < x < l$ 时

$$\varphi_1(x) = \varphi_2(x) = -\frac{E}{2}$$

由边值条件

$$i\mid_{x=l} = 0; v\mid_{x=0} = 0$$

得到

$$\varphi_1(-x) = -\varphi_2(x); \varphi_1(l-x) = \varphi_2(l+x) \tag{32}$$

由此看出,由 $\varphi_1(x)$ 作偶开拓得到的区间 $(l, 2l)$ 上的 $\varphi_2(x)$,由 $\varphi_2(x)$ 作奇开拓得到在区间 $(-l, 0)$ 上的 $\varphi_1(x)$,就是说

$$\varphi_2(x) = -\frac{E}{2} \quad (\text{当 } 0 < x < 2l \text{ 时})$$

$$\varphi_1(x) = \begin{cases} \dfrac{E}{2} & (\text{当} -l < x < 0 \text{ 时}) \\ -\dfrac{E}{2} & (\text{当 } 0 < x < l \text{ 时}) \end{cases}$$

在(32)的第二个方程中用 $l+w$ 来替换 x,并由所得到的等式与(32)中第一个等式比较,就有

$$\varphi_2(2l+x) = -\varphi_2(x)$$

同样不难得到

$$\varphi_1(2l-x) = -\varphi_1(-x)$$

就是说,函数 $\varphi_1(x)$ 与 $\varphi_2(x)$ 当变量加上 $2l$ 时改变符号,于是它们的周期是 $4l$.

依据全部叙述,不难看出,函数 $\varphi_1(x)$ 与 $\varphi_2(x)$ 全同而具有如图 138 所示的图形.

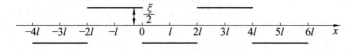

图 138

为了得到 v 与 i 的值,我们以速度 a 向左右移动这个图形,对于 v 取纵坐标的半和乘以 $e^{-\mu t}$,对于 i 取纵坐标的半差乘以 $\frac{1}{a} e^{-\mu t}$.

图 139 上表示出在一端 $x=l$ 电动势的图形,其中对于自由振动 v 加上了稳

定的 $v_2 = E$. 字母 $\tau = \dfrac{4l}{a}$ 记自由振动的周期.

如果在一端 $x=l$ 加入欧姆电阻 r_l, 自感 λ_l, 以及电容 γ_l, 则条件 (4) 给出把函数 $\varphi_2(x)$ 开拓到区间 $(l, 2l)$ 上的关系式

$$e^{-\mu t}[\varphi_1(l-at) + \varphi_2(l+at)] = \left[r_l + \lambda_l \dfrac{d}{dt}\right]\left\{\dfrac{e^{-\mu t}}{a}[\varphi_1(l-at) - \varphi_2(l+at)]\right\}$$
(33)

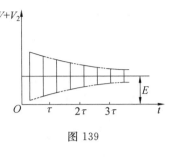

图 139

如果在变量中用 x 来替换 at, 则它就是用以确定未知函数
$$\Phi(x) = \varphi_2(l+x) \quad (0 < x < l)$$
的微分方程.

利用在另一端 $x=0$ 的边值条件, 对于把 $\varphi_1(x)$ 开拓到区间 $(-l, 0)$ 上的情形, 我们会得到类似的结果.

3. 在 $x=l$ 一端只加入欧姆电阻 r_l, 这时等式 (33) 要换成下面的形状

$$e^{-\mu t}[\varphi_1(l-at) + \varphi_2(l+at)] = r_l \dfrac{e^{-\mu t}}{a}[\varphi_1(l-at) - \varphi_2(l+at)]$$

由此, 引用 x 替代 at, 就确定出

$$\varphi_2(l+x) = q\varphi_1(l-x) \quad \left(q = \dfrac{r_l - a}{r_l + a}\right) \tag{34}$$

如此, 在这种情形下, 波在 $x=l$ 一端反射时要乘以因子 q. 显然, $|q| \leqslant 1$, 就是说, 波的绝对值减小, 于是发生吸收. 当 $r_l = a$ 时, 这个因子等于 0, 于是发生波的完全吸收; 当 $r_l = \infty$ 时, 因子 $q = 1$, 于是我们得到的波的反射没有改变, 这是可以想到的, 因为这个情形就相当于开的 (不是闭的) 线路.

用这样的方法把 $\varphi_2(x)$ 开拓到区间 $(l, 2l)$ 上, 并用对应的方法把 $\varphi_1(x)$ 开拓到区间 $(-l, 0)$ 上, 再依照公式 (34) 就把 $\varphi_2(x)$ 开拓到区间 $(2l, 3l)$ 上, 依此类推.

这时自然我们得不到周期函数, 并且如果 $|q| < l$, 则当继续反射时就发生愈来愈强烈的吸收. 如此, 当 $x > 0$ 时, 函数 $\varphi_2(x)$ 就被确定了, 当 $x < l$ 时, 函数 $\varphi_1(x)$ 就确定了. 这正是我们所需要的, 因为 $\varphi_1(x)$ 与 $\varphi_2(x)$ 所依赖的两个变量 $x-at$ 与 $x+at$ 恰好适合这两个不等式.

185. 推广的弦振动方程

我们就 $\delta = 0$ 这种特殊情形考虑过了电报方程. 在转到一般情形之前, 我们现在先讨论推广到线性情形的波动方程

$$\dfrac{\partial^2 v}{\partial t^2} = a^2 \dfrac{\partial^2 v}{\partial x^2} + a_1 \dfrac{\partial v}{\partial x} + a_2 \dfrac{\partial v}{\partial t} + a_3 v \tag{35}$$

其中第一个系数我们算作正的,其余的可以有任何的符号.依照下面的公式引用新的未知函数 u 来替代 v 有

$$v = e^{\alpha t + \beta x} u \tag{36}$$

像上面一样,我们来证明,总可以选择数 α 与 β 使得没有含有一阶偏微商的项.将表达式(36)代入到方程(35)中,消去 $e^{\alpha t+\beta x}$ 再合并相似项,就引出方程

$$\frac{\partial^2 u}{\partial t^2} = a^2 \frac{\partial^2 u}{\partial x^2} + (a_1 + 2a^2\beta)\frac{\partial u}{\partial x} + (a_2 - 2\alpha)\frac{\partial u}{\partial t} +$$
$$(a_3 + a^2\beta^2 + a_1\beta + a_2\alpha - \alpha^2)u = 0$$

令 $\alpha = \dfrac{a_2}{2}; \beta = -\dfrac{a_1}{2a^2}$,就得到下面形状的方程

$$\frac{\partial^2 u}{\partial t^2} = a^2 \frac{\partial^2 u}{\partial x^2} + c^2 u \tag{37}$$

其中系数 c^2 可能是正的,也可能是负的,就是说,我们应当算作 c 或者是正数或者是虚数.

我们对于无穷的 X 轴来解方程(37),使有初始条件

$$u\big|_{t=0} = 0; \frac{\partial u}{\partial t}\bigg|_{t=0} = \omega(x) \tag{38}$$

替代由公式(37)与(38)所确定的这一个问题,我们来考虑由下面的方程以及初始条件所确定的另一个问题

$$\frac{\partial^2 w}{\partial t^2} = a^2 \left(\frac{\partial^2 w}{\partial x^2} + \frac{\partial^2 w}{\partial y^2}\right) \tag{39_1}$$

$$w\big|_{t=0} = 0; \frac{\partial w}{\partial t}\bigg|_{t=0} = \omega(x) e^{\frac{c}{a}y} \tag{39_2}$$

依照[172]中公式(80),可以直接写出这个问题的解

$$w(x,y,t) = \frac{1}{2\pi a} \iint_{C_{at}} \frac{\omega(\alpha) e^{\frac{c}{a}\beta} d\alpha d\beta}{\sqrt{a^2 t^2 - (\alpha - x)^2 - (\beta - y)^2}}$$

其中 C_{at} 是以 (x,y) 为心、at 为半径的圆.引用新的变量 $\alpha' = \alpha - x$ 与 $\beta' = \beta - y$ 来替代 α 与 β,把上面写的二重积分变换为沿以原点为心、at 为半径的圆 C'_{at} 的二重积分

$$w(x,y,t) = \frac{1}{2\pi a} \iint_{C'_{at}} \frac{\omega(\alpha' + x) e^{\frac{c}{a}(\beta' + y)} d\alpha' d\beta'}{\sqrt{a^2 t^2 - \alpha'^2 - \beta'^2}}$$

或者,把 $e^{\frac{c}{a}y}$ 提到积分号之外,可以写成

$$w(x,y,t) = e^{\frac{c}{a}y} u(x,t) \tag{40}$$

其中第二个因子

$$u(x,t) = \frac{1}{2\pi a} \iint_{C'_{at}} \frac{\omega(\alpha' + x) e^{\frac{c}{a}\beta'} d\alpha' d\beta'}{\sqrt{a^2 t^2 - \alpha'^2 - \beta'^2}} \tag{41}$$

显然已经不依赖于 y. 我们来证明，表达式(41)就是我们的根本的问题的解，就是说，它满足方程(37)以及初始条件(38). 实际上，w 满足方程(39_1)，把表达式(40)代入到方程(39_1)中，消去 $e^{\frac{c}{a}y}$ 之后就得到关于 u 的方程(37). 由关于 w 的初始条件(39_2)以及公式(40)可以直接得到关于 u 的初始条件. 于是公式(41)给出方程(37)的满足初始条件(38)的解. 现在我们把这公式右边的表达式变换为另一个形状.

把沿 C'_{at} 的二重积分化为两次积分

$$u(x,y,t) = \frac{1}{2\pi a}\int_{-at}^{at}\left[\int_{-\sqrt{a^2t^2-\alpha'^2}}^{+\sqrt{a^2t^2-\alpha'^2}}\frac{e^{\frac{c}{a}\beta'}}{\sqrt{a^2t^2-\alpha'^2-\beta'^2}}d\beta'\right]\omega(\alpha'+x)d\alpha'$$

在里边的积分中，依照公式 $\beta' = \sqrt{a^2t^2-\alpha'^2}\sin\varphi$，引用新的积分变量 φ 来替代 β'，把这个积分化为下面的形状

$$\int_{-\frac{\pi}{2}}^{\frac{\pi}{2}}e^{\frac{c}{a}\sqrt{a^2t^2-\alpha'^2}\sin\varphi}d\varphi$$

或者，引用由这个积分所确定的依赖于参变量 z 的新的超越函数

$$I(z) = \frac{1}{\pi}\int_{-\frac{\pi}{2}}^{\frac{\pi}{2}}e^{z\sin\varphi}d\varphi \tag{43}$$

就可以把公式(42)写成下面的形状

$$u(x,y,t) = \frac{1}{2a}\int_{-at}^{at}I\left(\frac{c}{a}\sqrt{a^2t^2-\alpha'^2}\right)\omega(\alpha'+x)d\alpha'$$

或者，引用积分变量 $\alpha = \alpha' + x$ 有

$$u(x,y,t) = \frac{1}{2a}\int_{x-at}^{x+at}I\left(\frac{c}{a}\sqrt{a^2t^2-(\alpha-x)^2}\right)\omega(\alpha)d\alpha$$

把所得到的解对 t 求微商，像在[171]中一样，就得到方程(37)的一个新的解，它不满足初始条件(38)，而满足条件

$$u\big|_{t=0} = \omega(x);\quad \frac{\partial u}{\partial t}\bigg|_{t=0} = 0 \tag{44}$$

为了得到方程(37)的解，而要满足一般形状的初始条件

$$u\big|_{t=0} = \varphi(x);\quad \frac{\partial u}{\partial t}\bigg|_{t=0} = \varphi_1(x) \tag{45}$$

只需在初始条件(38)中取 $\omega(x) = \varphi_1(x)$，在初始条件(44)中取 $\omega(x) = \varphi(x)$，再把关于 u 的对应的表达式相加，这就引出下面的公式

$$u(x,y,t) = \frac{1}{2a}\int_{x-at}^{x+at}I\left(\frac{c}{a}\sqrt{a^2t^2-(\alpha-x)^2}\right)\varphi_1(\alpha)d\alpha + \frac{\partial}{\partial t}\left[\frac{1}{2a}\int_{x-at}^{x+at}I\left(\frac{c}{a}\sqrt{a^2t^2-(\alpha-x)^2}\right)\varphi(\alpha)d\alpha\right] \tag{46}$$

依上限下限并且在积分号下对 t 求微商,并注意,根据式(43)有 $I(0)=1$,就可以把公式(46)写成下面的形状

$$u(x,y,t) = \frac{\varphi(x-at)+\varphi(x+at)}{2} +$$
$$\frac{1}{2a}\int_{x-at}^{x+at} I\left(\frac{c}{a}\sqrt{a^2t^2-(\alpha-x)^2}\right)\varphi_1(\alpha)\mathrm{d}\alpha +$$
$$\frac{ct}{2}\int_{x-at}^{x+at} \frac{1}{\sqrt{a^2t^2-(\alpha-x)^2}} I'\left(\frac{c}{a}\sqrt{a^2t^2-(\alpha-x)^2}\right)\varphi(\alpha)\mathrm{d}\alpha$$
(47)

其中 $I'(z)$ 记 $I(z)$ 对 z 的微商.

现在我们来建立函数 $I(z)$ 与附标为 0 的贝塞尔函数[48]

$$J_0(x) = \sum_{s=0}^{\infty} \frac{(-1)^s}{(s!)^2}\left(\frac{x}{2}\right)^{2s} \quad (48)$$

之间的联系.

展开 $\mathrm{e}^{z\sin\varphi}$ 为幂级数

$$\mathrm{e}^{z\sin\varphi} = \sum_{n=0}^{\infty} \frac{z^n \sin^n\varphi}{n!}$$

再把这个级数沿区间 $\left(-\frac{\pi}{2},\frac{\pi}{2}\right)$ 逐项求积分,由于这个级数的一致收敛性是可能的,我们得到

$$I(z) = \sum_{n=0}^{\infty} \frac{z^n}{n!}\cdot\frac{1}{\pi}\int_{-\frac{\pi}{2}}^{\frac{\pi}{2}} \sin^n\varphi\,\mathrm{d}\varphi$$

当 n 是奇数时,所写的积分显然等于零,n 是偶数,$n=2s$ 时,我们有[Ⅰ,100]

$$\int_{-\frac{\pi}{2}}^{\frac{\pi}{2}}\sin^{2s}\varphi\,\mathrm{d}\varphi = 2\int_0^{\frac{\pi}{2}}\sin^{2s}\varphi\,\mathrm{d}\varphi = \frac{(2s-1)(2s-3)\cdots 1}{2s(2s-2)\cdots 2}\pi$$

由此推知

$$I(z) = \sum_{s=0}^{\infty}\frac{z^{2s}}{(2s)!}\cdot\frac{(2s-1)(2s-3)\cdots 1}{2s(2s-2)\cdots 2}$$

或

$$I(z) = \sum_{s=0}^{\infty}\frac{1}{(s!)^2}\left(\frac{z}{2}\right)^{2s} \quad (49)$$

比较这个展开式与式(48),我们就得到

$$I(z) = J_0(iz) \quad (50)$$

186. 无界线路的一般情形

我们现在转来考虑关于无界线路的电报方程.我们预先提出,在[183]中

所得到的关于辅助函数 w 的方程(21),也是电动势 v 以及电流 i 分别应当满足的.

实际上,我们回到根本的方程(1)与(2)并消去 i. 为此我们把方程(1)对 x 求微商,并用由方程(2)得来的 $\frac{\partial i}{\partial x}$ 的表达式来代入,就得到

$$\frac{\partial^2 v}{\partial x^2} + L\frac{\partial^2 i}{\partial t\partial x} + R\frac{\partial i}{\partial x} = 0$$

就是

$$\frac{\partial^2 v}{\partial x^2} - L\frac{\partial}{\partial t}\left(C\frac{\partial v}{\partial t} + Av\right) - R\left(C\frac{\partial v}{\partial t} + Av\right) = 0$$

于是关于 v,我们得到方程

$$\frac{\partial^2 v}{\partial x^2} - LC\frac{\partial^2 v}{\partial t^2} - (LA + RC)\frac{\partial v}{\partial t} - RAv = 0 \tag{51}$$

如果我们着手由方程(1)与(2)消去电动势 v,关于 i 也会得到同样的方程.

确定了 v 就可以求 i,使得它满足方程(1)与(2). 例如,利用方程(2),我们得到

$$i = -\int\left(C\frac{\partial v}{\partial t} + Av\right)\mathrm{d}x + B(t) \tag{52}$$

其中积分是对 x 来求的,把 t 看作常数,$B(t)$ 暂时是 t 的任意函数. 把 i 的这个表达式代入到方程(1)中,并在积分号下对参变量 t 求微商,就得到

$$\frac{\partial v}{\partial x} - \int\left(LC\frac{\partial^2 v}{\partial t^2} + LA\frac{\partial v}{\partial t}\right)\mathrm{d}x - \int\left(RC\frac{\partial v}{\partial t} + RAv\right)\mathrm{d}x +$$
$$LB'(t) + RB(t) = 0$$

根据方程(51),前三项对 x 求微商要得到 0,就是说,这个和是一个变量 t 的某一个已知函数,于是我们得到确定 $B(t)$ 的一阶线性方程. 求它的积分时所得到的任意常量通常是由初始条件确定的.

像以前[183]一样,利用替换

$$v(x, t) = \mathrm{e}^{-\mu t}u(x, t) \tag{54}$$

其中

$$\mu = \frac{LA + RC}{2LC} \tag{55}$$

可以把方程(51)化为下面的形状

$$\frac{\partial^2 u}{\partial t^2} = \frac{1}{LC}\frac{\partial^2 u}{\partial x^2} + c^2 u \tag{56}$$

其中

$$c = \frac{|LA - RC|}{2LC}$$

如果当 $t=0$ 时沿着线路给定了 v 与 i，那么就知道了当 $t=0$ 时 $\frac{\partial v}{\partial x}$ 与 $\frac{\partial i}{\partial x}$，而方程 (1) 与 (2) 给出当 $t=0$ 时 $\frac{\partial v}{\partial t}$ 与 $\frac{\partial i}{\partial t}$。如此，我们可以算作，与方程 (51) 一起，我们有普通的初始条件

$$v\,|_{t=0}=\Phi(x);\frac{\partial v}{\partial t}\bigg|_{t=0}=\Psi(x) \tag{57}$$

利用式 (54)，我们就得到下面的关于 u 的初始条件

$$u\,|_{t=0}=\Phi(x);\frac{\partial u}{\partial t}\bigg|_{t=0}=\mu\Phi(x)+\Psi(x) \tag{58}$$

应用关于 u 的公式 (47) 并注意式 (54)，结果得到

$$v(x,t)=\frac{1}{2}\mathrm{e}^{-\mu t}\{\Phi(x-at)+\Phi(x+at)+$$
$$\frac{1}{a}\int_{x-at}^{x+at}[\mu\Phi(\alpha)+\Psi(\alpha)]I\left(\frac{c}{a}\sqrt{a^2t^2-(\alpha-x)^2}\right)\mathrm{d}x+$$
$$ct\int_{x-at}^{x+at}\frac{1}{\sqrt{a^2t^2-(\alpha-x)^2}}I'\left(\frac{c}{a}\sqrt{a^2t^2-(\alpha-x)^2}\right)\Phi(\alpha)\mathrm{d}\alpha\} \tag{59}$$

其中的 μ 与 c 上面已经说过，而 $a=\frac{1}{\sqrt{LC}}$。

这里，像在弦振动的情形一样，我们有颤动传播的确定的速度 a，所以若给定的初始颤动的函数 $\Phi(x)$ 与 $\Psi(x)$ 只在某一个有限区间 $p\leqslant x\leqslant q$ 上不等于 0，而我们应用公式 (59) 于点 x，其中 $x>q$，则直到时刻 $t=\frac{1}{a}(x-q)$，$v(x,t)=0$。与弦比较起来所不同的是下述事实：初始颤动的后阵面通过之后，$v(x,t)$ 不等于 0，也不是常数，而是 x 与 t 的函数。实际上，若 $t>\frac{1}{a}(x-p)$，则公式 (59) 中不含积分的项等于 0，而积分仍然保留，并且积分区间是定区间 (p,q)。可是变量 x 与 t 还是作为参变量在积分号下出现。

若当 $t=0$ 时线路中没有电流，而电动势 v 由函数 $\Phi(x)$ 确定，则根据方程 (2)，我们有

$$\frac{\partial v}{\partial t}\bigg|_{t=0}=-\frac{A}{C}\Phi(x) \tag{60}$$

如果算作 $A=0$，就是忽略电漏不计，则右边是 0。

187. 关于有界线路的傅里叶法

在有界线路的情形，给定了初始条件以及边值条件时，不难应用傅里叶求方程 (51) 的积分。设在线路的一端受到给定的常电动势 E 的作用，在另一端 $v=0$，就是说，有边值条件

$$v\mid_{x=0}=E, v\mid_{x=l}=0 \tag{61}$$

此外,我们设在初始时刻 $t=0$ 时,线路中没有电动势也没有电流,就是说,当 $0<x<l$ 时

$$v\mid_{t=0}=0, i\mid_{t=0}=0 \tag{62}$$

这时,方程(1)与(2)指出

$$\frac{\partial v}{\partial t}\bigg|_{t=0}=0; \frac{\partial i}{\partial t}\bigg|_{t=0}=0 \tag{63}$$

如此,我们需要在边值条件(61)以及初始条件

$$v\mid_{t=0}=0; \frac{\partial v}{\partial t}\bigg|_{t=0}=0 \quad (0<x<l) \tag{64}$$

之下求方程(51)的积分.

先做出方程(51)的只依赖于 x 的一个解 $v=F(x)$,使它满足边值条件(61). 对于 $F(x)$,我们得到方程

$$F''(x)-b^2 F(x)=0 \quad (b^2=RA)$$

在[182]的例中,我们恰好求过这个方程的满足条件(61)的解,那就是

$$F(x)=E\frac{\operatorname{sh} b(l-x)}{\operatorname{sh} bl} \tag{65}$$

现在我们依照公式

$$w(x,t)=v(x,t)-F(x) \tag{66}$$

引用新的未知函数 $w(x,t)$ 以替代 $v(x,t)$.

对于 $w(x,t)$,我们有同样的方程(51),齐次的边值条件

$$w\mid_{x=0}=0; w\mid_{x=l}=0 \tag{67}$$

以及初始条件

$$w\mid_{t=0}=-F(x); \frac{\partial w}{\partial t}\bigg|_{t=0}=0 \tag{68}$$

为简短起见,我们把关于 w 的方程(51)写成下面的形状

$$\frac{\partial^2 w}{\partial x^2}-a^2\frac{\partial^2 w}{\partial t^2}-2h\frac{\partial w}{\partial t}-b^2 w=0 \tag{69}$$

其中

$$a^2=LC; 2h=LA+RC; b^2=RA \tag{70}$$

以下我们应用通常的傅里叶法求方程(69)的解,使其具有两个函数的乘积的形状,一个只是 x 的函数,一个只是 t 的函数

$$w=XT$$

代入到方程(69)中,分离变量,就得到

$$\frac{X''}{X}=\frac{a^2 T''+2hT'+b^2 T}{T}=-\frac{m^2\pi^2}{l^2}$$

其中 m^2 暂时是任意常数. 于是我们有两个常系数线性方程

$$X'' + \frac{m^2\pi^2}{l^2}X = 0$$

$$a^2 T'' + 2hT' + \left(b^2 + \frac{m^2\pi^2}{l^2}\right)T = 0$$

注意边值条件(67),取第一个方程的解

$$X_m = \sin\frac{m\pi x}{l} \quad (m=1,2,\cdots)$$

我们算作 m 是正整数. 关于 T 的方程具有一般解

$$T_m = A_m e^{\alpha_m t} + A'_m e^{\alpha'_m t}$$

其中 A_m 与 A'_m 是任意常数,α_m 与 α'_m 是方程

$$a^2 l^2 \alpha^2 + 2hl^2\alpha + (b^2 l^2 + m^2\pi^2) = 0 \tag{71}$$

的根,这里我们算作线路中的常数 R,L,C,A 是这样的,使得当 m 是任何整数时,方程(71)具有不同的根. 如此我们得到满足边值条件的无穷多个解

$$w_m = (A_m e^{\alpha_m t} + A'_m e^{\alpha'_m t})\sin\frac{m\pi x}{l} \tag{72}$$

取这些解的和

$$w = \sum_{m=1}^{\infty}(A_m e^{\alpha_m t} + A'_m e^{\alpha'_m t})\sin\frac{m\pi x}{l} \tag{73}$$

并选择常数 A_m 与 A'_m,使得满足初始条件(68). 这就给出

$$\begin{cases} \sum_{m=1}^{\infty}(A_m + A'_m)\sin\frac{m\pi x}{l} = -F(x) \\ \sum_{m=1}^{\infty}(\alpha_m A_m + \alpha'_m A'_m)\sin\frac{m\pi x}{l} = 0 \end{cases} \quad (0 < x < l)$$

用普通的方法确定傅里叶系数,我们就得到关于 A_m 与 A'_m 的两个方程

$$\begin{cases} A_m + A'_m = -\frac{2}{l}\int_0^l F(x)\sin\frac{m\pi x}{l}dx \\ \alpha_m A_m + \alpha'_m A'_m = 0 \end{cases} \tag{74}$$

把函数(65)代入到积分号下,我们可以作出积分,就得到

$$\frac{2}{l}\int_0^l F(x)\sin\frac{m\pi x}{l}dx = \frac{2m\pi}{b^2 l^2 + m^2\pi^2}E$$

解方程组(74),就有

$$A_m = \frac{2m\pi}{b^2 l^2 + m^2\pi^2}\cdot E\frac{\alpha'_m}{\alpha_m - \alpha'_m}; A'_m = -\frac{2m\pi}{b^2 l^2 + m^2\pi^2}\cdot E\frac{\alpha_m}{\alpha_m - \alpha'_m}$$

代入到公式(73)中,我们得到

$$w = E\sum_{m=1}^{\infty}\frac{2m\pi}{b^2 l^2 + m^2\pi^2}\cdot\frac{\alpha'_m e^{\alpha_m t} - \alpha_m e^{\alpha'_m t}}{\alpha_m - \alpha'_m}\sin\frac{m\pi x}{l} \tag{75}$$

方程(71)的根或者是负实数,或者是具有负实部的虚数. 在任何情形下,

当 t 增加时,解(75)有阻尼.它确定出由空线路到函数(65)所确定的稳定状态的转变过程.结果公式(66)给出电动势的表达式

$$v = E \frac{\operatorname{sh} b(l-x)}{\operatorname{sh} bl} + E \sum_{m=0}^{\infty} \frac{2m\pi}{b^2 l^2 + m^2 \pi^2} \cdot \frac{\alpha'_m \mathrm{e}^{\alpha_m t} - \alpha_m \mathrm{e}^{\alpha'_m t}}{\alpha_m - \alpha'_m} \sin \frac{m\pi x}{l} \quad (76)$$

解二次方程(71),对于它的根,我们得到下面形状的表达式

$$\alpha_m = -v + k_m; \alpha'_m = -v - k_m \quad (77)$$

其中

$$v = \frac{h}{a^2}; k_m = \frac{1}{a^2 l} \sqrt{h^2 l^2 - a^2 (b^2 l^2 + m^2 \pi^2)} \quad (78)$$

代入到式(76)中,可以写成下面的形状

$$v = E \frac{\operatorname{sh} b(l-x)}{\operatorname{sh} bl} -$$

$$E \mathrm{e}^{-vt} \sum_{m=1}^{\infty} \frac{2m\pi}{b^2 l^2 + m^2 \pi^2} \left(\operatorname{ch} k_m t + \frac{v}{k_m} \operatorname{sh} k_m t \right) \sin \frac{m\pi x}{l} \quad (79)$$

现在我们按照前一段中所讲的方法来确定 i.方程(2)给出

$$\frac{\partial i}{\partial x} = -AE \frac{\operatorname{sh} b(l-x)}{\operatorname{sh} bl} +$$

$$AE \mathrm{e}^{-vt} \sum_{m=1}^{\infty} \frac{2m\pi}{b^2 l^2 + m^2 \pi^2} \left(\operatorname{ch} k_m t + \frac{v}{k_m} \operatorname{sh} k_m t \right) \sin \frac{m\pi x}{l} +$$

$$CE \mathrm{e}^{-vt} \sum_{m=1}^{\infty} \frac{2m\pi}{b^2 l^2 + m^2 \pi^2} \left(k_m - \frac{v^2}{k_m} \right) \operatorname{sh} k_m t \, \sin \frac{m\pi x}{l} \quad (80)$$

或者,根据式(78),代入以

$$v^2 - k_m^2 = \frac{b^2 l^2 + m^2 \pi^2}{a^2 l^2}$$

对 x 求积分并注意 $a^2 = LC$,就得到

$$i = \frac{AE}{b} \cdot \frac{\operatorname{ch} b(l-x)}{\operatorname{sh} bl} -$$

$$2AEl \mathrm{e}^{-vt} \sum_{m=1}^{\infty} \frac{1}{b^2 l^2 + m^2 \pi^2} \left(\operatorname{ch} k_m t + \frac{v}{k_m} \operatorname{sh} k_m t \right) \cos \frac{m\pi x}{l} +$$

$$\frac{2E}{Ll} \mathrm{e}^{-vt} \sum_{m=1}^{\infty} \frac{1}{k_m} \operatorname{sh} k_m t \cos \frac{m\pi x}{l} + B(t)$$

代入到方程(1)中,就得到确定 $B(t)$ 的方程

$$LB'(t) + RB(t) = 0$$

由此

$$B(t) = B_0 \mathrm{e}^{-\frac{R}{L} t} \quad (81)$$

其中 B_0 是任意常数,它需要由下述条件确定:当 $t=0$ 时沿着整个线路 $i=0$.把表达式(81)代入到公式(80)中,然后令 $i=0$,就得到

$$0 = \frac{AE}{b} \frac{\operatorname{ch} b(l-x)}{\operatorname{sh} bl} - 2AEl \sum_{m=1}^{\infty} \frac{1}{b^2 l^2 + m^2 \pi^2} \cos \frac{m\pi x}{l} + B_0 \qquad (82)$$

把右边第一项在区间 $0 < x < l$ 上展开为只依余弦的傅里叶级数，我们得到

$$\frac{AE}{b} \frac{\operatorname{ch} b(l-x)}{\operatorname{sh} bl} = \frac{AE}{lb^2} + 2AEl \sum_{m=1}^{\infty} \frac{1}{b^2 l^2 + m^2 \pi^2} \cos \frac{m\pi x}{l} \quad (0 < x < l)$$

于是条件(82)给出

$$B_0 = -\frac{AE}{lb^2} = -\frac{E}{Rl}$$

所以

$$B(t) = -\frac{E}{Rl} \mathrm{e}^{-\frac{R}{L}t}$$

把这个表达式 $B(t)$ 代入到公式(80)中，结果就得到电流强度的表达式：

在 A. H. 克雷洛夫的论文《关于沿着电缆的电流》(实用物理杂志，卷 VI，第 2 期，第 66 页 1929) 中可以找到这里所讲的解法的类似的讨论.

188. 推广的波动方程

在[185]中，我们考虑过波动方程推广到线性的情形，那里是具有两个自变量的情形. 利用同样的方法，可以考虑推广到具有三个或四个自变量的波动方程. 为要简化以下的公式，我们算作在波动方程中速度 $a=1$. 要想由下面所得到的公式转换为 a 是任何数的公式，只需在其中用 at 来替换 t.

我们来考虑关于无界平面的方程

$$\frac{\partial^2 u}{\partial t^2} = \frac{\partial^2 u}{\partial x^2} + \frac{\partial^2 u}{\partial y^2} + c^2 u \qquad (83)$$

具有初始条件

$$u\big|_{x=0} = 0; \quad \frac{\partial u}{\partial t}\bigg|_{t=0} = \omega(x, y) \qquad (84)$$

替代这个问题，我们考虑一个新的问题，就是求波动方程

$$\frac{\partial^2 w}{\partial t^2} = \frac{\partial^2 w}{\partial x^2} + \frac{\partial^2 w}{\partial y^2} + \frac{\partial^2 w}{\partial z^2}$$

具有初始条件

$$w\big|_{t=0} = 0; \quad \frac{\partial w}{\partial t}\bigg|_{t=0} = \omega(x, y) \mathrm{e}^{cz}$$

时的积分.

用泊松公式直接可以解决这个新问题

$$w = \frac{t}{4\pi} \int_0^{2\pi} \int_0^{\pi} \omega(x + t\sin\theta\cos\varphi, y + t\sin\theta\sin\varphi) \mathrm{e}^{c(z+t\cos\theta)} \sin\theta \mathrm{d}\theta \mathrm{d}\varphi$$

我们可以把这个公式写成下面的形状

$$w(x,y,z,t) = e^{cz}u(x,y,t)$$

其中

$$u(x,y,t) = \frac{t}{4\pi}\int_0^{2\pi}\int_0^{\pi}\omega(x+t\sin\theta\cos\varphi, y+t\sin\theta\sin\varphi)e^{ct\cos\theta}\sin\theta d\theta d\varphi \quad (85)$$

像在[185]中完全一样,可以证明,这个函数也满足方程(83)以及初始条件(84). 现在我们把公式(85)变换为比较简单的形状. 依照公式 $t\cos\theta = \rho$ 引用新的积分变量 ρ 以替代 θ, 由此

$$t\sin\theta d\theta = -d\rho, \sin\theta = \sqrt{1-\frac{t^2}{\rho^2}}$$

公式(85)中对 θ 求的积分在新变量下就有下面的形状

$$\frac{1}{t}\int_{-t}^{t}\omega(x+\sqrt{t^2-\rho^2}\cos\varphi, y+\sqrt{t^2-\rho^2}\sin\varphi)e^{c\rho}d\rho$$

或者把积分区间分为两个: $(-t, 0)$ 与 $(0, t)$, 在第一个区间中用 $-\rho$ 替代 ρ, 我们就可以把上面这个积分写成下面的状态

$$\frac{2}{t}\int_0^{t}\omega(x+\sqrt{t^2-\rho^2}\cos\varphi, y+\sqrt{t^2-\rho^2}\sin\varphi)\operatorname{ch} c\rho d\rho$$

如此,公式(85)就改写成下面的形状

$$u(x,y,t) = \int_0^t\left[\frac{1}{2\pi}\int_0^{2\pi}\omega(x+\sqrt{t^2-\rho^2}\cos\varphi, y+\sqrt{t^2-\rho^2}\sin\varphi)d\varphi\right]\operatorname{ch} c\rho d\rho$$

这个公式中对 φ 求积分给出函数 $\omega(x,y)$ 沿着平面 XY 上以 (x,y) 为心、$\sqrt{t^2-\rho^2}$ 为半径的圆周的值的算术平均值. 我们用 $T_{\sqrt{t^2-\rho^2}}\{\omega(x,y)\}$ 来记这个算术平均值,结果公式(85)就可以写成下面的形状

$$u(x,y,t) = \int_0^t T_{\sqrt{t^2-\rho^2}}\{\omega(x,y)\}\operatorname{ch} c\rho d\rho \quad (86)$$

注意,若 c 是虚数 $c = c_1 i$,则 $\operatorname{ch} c\rho = \cos c_1\rho$. 把所得的解对 t 求微商,就得到方程(83)的解 $u_1 = \frac{\partial u}{\partial t}$,它满足初始条件

$$u_1\big|_{t=0} = \omega(x,y); \frac{\partial u_1}{\partial t}\bigg|_{t=0} = 0$$

完全一样的,求方程

$$\frac{\partial^2 u}{\partial t^2} = \frac{\partial^2 u}{\partial x^2} + \frac{\partial^2 u}{\partial y^2} + \frac{\partial^2 u}{\partial z^2} + c^2 u \quad (87)$$

具有初始条件

$$u\big|_{t=0} = 0; \frac{\partial u}{\partial t}\bigg|_{t=0} = \omega(x,y,z) \quad (88)$$

的积分时,需要利用 §1 中公式(82_2) 当 $n=4$ 时的情形,用 $\omega(x_2, x_3, x_4)e^{cx_1}$ 来

替换其中的 ω. 作一些简单的变换,就可以得到方程(87)的具有初始条件(88)的下面形状的解

$$u = \frac{1}{t}\frac{\partial}{\partial t}\int_0^t \rho^2 I_0(\mathrm{i}c\sqrt{t^2-\rho^2})T_\rho\{\omega(x,y,z)\}\mathrm{d}\rho \qquad (89)$$

其中 $T_\rho\{\omega(x,y,z)\}$ 是函数 $\omega(x,y,z)$ 沿着以 (x,y,z) 为心、ρ 为半径的球面的平均值.

§3 枢轴的振动

189. 基本方程

很多导致线性偏微分方程的数学物理问题要应用傅里叶法. 这时我们遇到已知函数的依照应用傅里叶法时所得的函数的不同的展开式. 在以上考虑过的一串问题中,我们有过这样的展开式的例.

作为一个例,我们再考虑枢轴的横振动,现在我们来导出关于这个问题的方程.

我们所谓细长枢轴与弦所不同的是,它可以弯曲. 这里,未知函数是具有横坐标 x 的枢轴的轴在时刻 t 的形变的纵坐标 $y(x,t)$.

若 M 是弯曲矩,而 $F(x,t)$ 是对于单位长来讲的负载,则由工程力学知道[16]

$$EI\frac{\partial^2 y}{\partial x^2} = M; \quad \frac{\partial^2 M}{\partial x^2} = F \qquad (1)$$

由此,把第一个方程对 x 求微商两次,就得到

$$EI\frac{\partial^4 y}{\partial x^4} = F(x,t) \qquad (2)$$

如果力 F 不依赖于时间而枢轴保持静止状态的话,方程(2)就表达枢轴的平衡条件. 这时为了得到运动方程,应当依照达朗贝尔原理计入外力以及按单位长来计算断面 x 的惯性力. 在断面的所有的点,这个断面的加速度可以取作常数,就等于 $\frac{\partial^2 y}{\partial t^2}$,显然,由加速度乘以 ρS 就得到按单位长计算的惯性力,其中 ρ 是枢轴的体密度,S 是横断面面积. 于是,在方程(2)中应当用 $F - \rho S\frac{\partial^2 y}{\partial t^2}$ 来替换 F,这就给出四阶方程

$$\frac{\partial^2 y}{\partial t^2} + b^2\frac{\partial^4 y}{\partial x^4} = f(x,t) \qquad (3)$$

其中

$$b^2 = \frac{EI}{\rho S}, f(x,t) = \frac{1}{\rho S}F(x,t) \tag{4}$$

枢轴的端点 $x=0$ 与 $x=l$ 应当满足的边值条件是很重要的，它的形状依赖于对应端点的固定方法．

如果端点被紧紧地固定，在端点框轴有水平的方向，则得到两个条件

$$\text{当 } x=0 \text{ 或 } x=l \text{ 时}, y=0, \frac{\partial y}{\partial x}=0 \tag{5}$$

如果端点只是被支住，就是说可以绕着固定的点自由转动，则在这位置弯曲矩应当等于 0，于是有下列条件

$$\text{当 } x=0 \text{ 或 } x=l \text{ 时}, y=0, \frac{\partial^2 y}{\partial x^2}=0 \tag{6}$$

最后，如果端点是自由的，则在端点，不仅是弯曲矩，连 $\frac{\partial M}{\partial x}$ 都应当等于 0，不过 y 自然可以不等于 0. 于是在这情形下

$$\text{当 } x=0 \text{ 或 } x=l \text{ 时}, \frac{\partial^2 y}{\partial x^2}=0, \frac{\partial^3 y}{\partial x^3}=0 \tag{7}$$

在所有以上考虑的情形下，我们得到在每一个端点有两个条件，这与弦的情形不同，那时在每一个端点，我们有一个条件．

最后，还应当注意到与弦的情形形态相同的初始条件

$$y\mid_{t=0}=\varphi(x), \left.\frac{\partial y}{\partial t}\right|_{t=0}=\varphi_1(x) \tag{8}$$

对于自由振动，我们在方程(3)中设 $f(x,t)=0$，就给出

$$\frac{\partial^2 y}{\partial t^2}+b^2\frac{\partial^4 y}{\partial x^4}=0 \tag{9}$$

190. 特殊解

像在弦的情形一样，我们由下面的公式来求这个方程的特殊解

$$y=T(t)X(x) \tag{10}$$

代入到式(9)中，求得

$$T''(t)X(x)+b^2 T(t)X^{(4)}(x)=0$$

或者，像在弦的情形一样

$$\frac{T''(t)}{b^2 T(t)}=-\frac{X^{(4)}(x)}{X(x)}=-k^4$$

其中 k^4 是常数，这就给出

$$T''(t)+b^2 k^4 T(t)=0 \tag{11}$$
$$X^{(4)}(x)-k^4 X(x)=0 \tag{12}$$

方程(11)的一般解是

$$T(t) = N\sin(bk^2 t + \varphi) \tag{13}$$

就是说,解(10)仍然是驻波,这时枢轴上的点作频率与相都相同的调和振动,所不同的只是依赖于 x 的振幅 $NX(x)$.

不难求出方程(12)的一般解.它的特征方程[30]

$$\alpha^4 - k^4 = 0$$

当 $k \neq 0$ 时具有根 $k, -k, ik, -ik$,于是它的一般解是

$$X(x) = C_1 e^{kx} + C_2 e^{-kx} + C_3 \cos kx + C_4 \sin kx \tag{14}$$

或者,通过 ch kx 与 sh kx 来表达 e^{kx} 与 e^{-kx} 并改变任意常数 C_1 与 C_2 的值,就可以把一般解写成下面的形状

$$X(x) = C_1 \operatorname{ch} kx + C_2 \operatorname{sh} kx + C_3 \cos kx + C_4 \sin kx \tag{15}$$

现在我们分别考虑边值条件的不同情形:

1. 若枢轴在两端固定住,当 $x = 0$ 与 $x = l$ 时应当满足条件(6),就是说

$$X(0) = C_1 + C_3 = 0;\ X''(0) = k^2(C_1 - C_3) = 0$$

$$X(l) = C_1 \operatorname{ch} kl + C_2 \operatorname{sh} kl + C_3 \cos kl + C_4 \sin kl = 0$$

$$X''(l) = k^2(C_1 \operatorname{ch} kl + C_2 \operatorname{sh} kl - C_3 \cos kl - C_4 \sin kl) = 0$$

显然,这就给出,当 $k \neq 0$ 时

$$C_1 = C_3 = 0 \tag{16}$$

$$C_2 \operatorname{sh} kl + C_4 \sin kl = 0;\ C_2 \operatorname{sh} kl - C_4 \sin kl = 0 \tag{16_1}$$

显然 $C_2 = C_4 = 0$ 是这两个齐次方程组成的方程组的解,不过这时所有的常数 C 都等于 0,而我们得到没有意义的解 $X(x) = 0$.除掉这个情形,我们应当算作常数 C_2 与 C_4 中至少有一个不等于 0.

若 $C_4 = 0$,则由于当 $k \neq 0$ 时,sh $kl \neq 0$ [Ⅰ, 177],由方程 (16_1) 推知 $C_2 = 0$.所以我们应当算作 $C_4 \neq 0$.由 (16_1) 中两个方程逐项相减,我们就得到 $C_4 \sin kl = 0$,于是结果得到关于 k 的方程

$$\sin kl = 0 \tag{17}$$

如果满足这个条件,则方程 (16_1) 化为 $C_2 \operatorname{sh} kl = 0$,于是给出 $C_2 = 0$,就是说,设 $C_4 = C$,根据式(14)就得到

$$X(x) = C \sin kx$$

方程(17)给出 k 的像在弦的情形相同的解

$$\frac{\pi}{l}, \frac{2\pi}{l}, \cdots, \frac{n\pi}{l}, \cdots$$

以下的讨论及公式就都与[167]中的相同,所改变的只是第 n 调和素的频率 ω_n,不是由[168]中公式(44)来表达,而是如下的形状

$$\omega_n = \frac{bn^2\pi^2}{l^2} \tag{18}$$

当 $k = 0$ 时,方程(12)具有一般解:$X(x) = C_1 + C_2 x + C_3 x^2 + C_4 x^3$,使它

满足条件(6),就会发现所有的常数 C 应当都等于 0.

2. 若枢轴在两端支住,则当 $x=0$ 与 $x=l$ 时应当满足条件(5),这就给出
$$X(0)=C_1+C_3=0; X'(0)=k(C_2+C_4)=0$$
$$X(l)=C_1\operatorname{ch} kl+C_2\operatorname{sh} kl+C_3\cos kl+C_4\sin kl=0$$
$$X'(l)=k(C_1\operatorname{sh} kl+C_2\operatorname{ch} kl-C_3\sin kl+C_4\cos kl)=0$$

由此看出
$$C_3=-C_1; C_4=-C_2 \tag{19}$$

于是我们得到用以确定 C_1 与 C_2 的两个齐次方程组成的方程组
$$\begin{cases} C_1(\operatorname{ch} kl-\cos kl)+C_2(\operatorname{sh} kl-\sin kl)=0 \\ C_1(\operatorname{sh} kl+\sin kl)+C_2(\operatorname{ch} kl-\cos kl)=0 \end{cases} \tag{20}$$

为要这两个方程具有不同于 $C_1=C_2=0$ 的解,必须且仅须 C_1 与 C_2 的系数成比例
$$\frac{\operatorname{ch} kl-\cos kl}{\operatorname{sh} kl+\sin kl}=\frac{\operatorname{sh} kl-\sin kl}{\operatorname{ch} kl-\cos kl}$$

这时,方程组(20)中的两个方程化为一个. 利用关系式
$$\cos^2 x+\sin^2 x=1, \operatorname{ch}^2 x-\operatorname{sh}^2 x=1$$

可以把上面的条件改写成下面的形状
$$\operatorname{ch} kl\cdot\cos kl=1 \tag{21}$$

我们就得到了关于 k 的方程,这与前一种情形中的方程(17)类似. 为简短起见,设
$$kl=\lambda$$

我们就得到用以确定 λ 的超越方程
$$\operatorname{ch}\lambda\cos\lambda=1 \tag{22}$$

把方程(22)改写成
$$\cos\lambda=\frac{1}{\operatorname{ch}\lambda}$$

画出曲线 $\cos\lambda$ 与 $\dfrac{1}{\operatorname{ch}\lambda}$ 的图形(图 140),我们就发现方程(22)有无穷多的实根
$$0,\pm\lambda_1,\pm\lambda_2,\cdots,\pm\lambda_n,\cdots$$

并且当 $n\to\infty$ 时
$$\lambda_n-\frac{2n+1}{2}\pi\to 0$$

我们现在只注意正根
$$\lambda_1,\lambda_2,\cdots,\lambda_n,\cdots \tag{23}$$

它们对应于参变量 k 的无穷多个值
$$k_1,k_2,\cdots,k_n,\cdots; k_n=\frac{\lambda_n}{l},\cdots \tag{24}$$

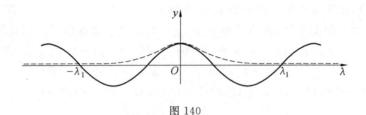

图 140

当 k 取这些值时,满足条件(21),于是由方程(20)中的一个可以推出另一个,这就可以写成
$$C_1 = C(\text{sh } kl - \sin kl); \quad C_2 = -C(\text{ch } kl - \cos kl)$$

由公式(19)确定出 C_3 与 C_4,代入到式(15)中,我们设 $C=1$,显然这并不失去普遍性,于是得到未知解 $X(x)$ 的形状
$$X(x) = (\text{sh } kl - \sin kl)(\text{ch } kx - \cos kx) -$$
$$(\text{ch } kl - \cos kl)(\text{sh } kx - \sin kx) \qquad (25)$$

严格来说,我们得到无穷多个解
$$X_1(x), X_2(x), \cdots, X_n(x) \qquad (26)$$
它们是由一般公式(25)用 k_n 替换 k 得来的.

我们可以完全不考虑负根 $-\lambda_1, -\lambda_2, \cdots$,因为参变量 k 对应于它们的值 $-k_1, -k_2, \cdots$ 给出同样的一列函数(26),这是由于对 k 来讲,函数(25)是奇函数.

在公式(13)中用(24)中的值代入作 k,就求出对应的一列函数 $T(t)$ 有
$$T_1(t), T_2(t), \cdots, T_n(t), \cdots; T_n(t) = N_n \sin(\omega_n t + \varphi_n); \omega_n = bk_n^2 \qquad (27)$$
于是最后得到方程(9)的一串解
$$y_1(x,t), y_2(x,t), \cdots, y_n(x,t), \cdots; y_n(x,t) = T_n(t)X_n(x) \qquad (28)$$

对于枢轴的端点来讲,具有上述的其他条件时,我们会得到类似的结果:把函数 $X(x)$ 表示成(15)的形状并代入边值条件,就得到具有四个未知数 C_1, C_2, C_3, C_4 的四个齐次方程的方程组,当参变量 k 满足某一具有无穷多个实根的超越方程时,且仅当此时,C_1, C_2, C_3, C_4 有所要求的异于 0 的解.把这个方程的根 k 代入到方程组的系数中,就得到一个方程组,在这组中有一个方程可以由其余的方程推出来,于是就确定出常数 C_1, C_2, C_3, C_4 只能差一个任意的公因子,于是我们就得到函数 $X_n(x)$,它是普通的正弦与余弦以及双曲线正弦与余弦的线性组合.

191. 任意函数的展开式

我们现在不详细地分别讨论所有的特殊情形,而转向讨论所要满足的另外的初始条件

$$y\big|_{t=0} = \varphi(x), \quad \frac{\partial y}{\partial t}\bigg|_{t=0} = \varphi_1(x) \tag{29}$$

为此,像在弦的情形一样,把 $y(x,t)$ 写成特殊解(28)的和的形状

$$y(x,t) = \sum_{n=1}^{\infty} y_n(x,t) = \sum_{n=1}^{\infty} T_n(t) X_n(x) \tag{30}$$

令

$$a_n = N_n \sin \varphi_n, \quad b_n = N_n \cos \varphi_n$$

把式(30)改写成

$$y(x,t) = \sum_{n=1}^{\infty} (a_n \cos \omega_n t + b_n \sin \omega_n t) X_n(x) \tag{30_1}$$

于是条件(29)给出

$$\begin{cases} \sum_{n=1}^{\infty} a_n X_n(x) = \varphi(x) \\ \sum_{n=1}^{\infty} b_n \omega_n X_n(x) = \varphi_1(x) \end{cases} \tag{31}$$

如此我们看出,全部关于确定常数 a_n 与 b_n 的问题就化为把已知函数 $\varphi(x)$ 与 $\varphi_1(x)$ 依函数 $X_n(x)$ 展开为级数的问题.这些级数类似于我们以前研究过的傅里叶级数.

我们现在不讲关于这样的展开式的收敛性以及可能性的问题.只是像在[142]中对傅里叶级数所做的一样,假设这样展开是可能的,我们来说明如何确定展开式的系数.这里我们假定问题的边值条件不一定是在情形1与2两条中所讲的,而可以随意是以前列举的(5)(6)(7)的情形.

设我们需要把在区间 $(0,l)$ 上的已知函数 $f(x)$ 展开为下面形状的级数

$$f(x) = \sum_{n=1}^{\infty} A_n X_n(x) \tag{32}$$

我们假设这样展开是可能的并且级数(32)可以逐项求积分.系数 A_n 之所以可能被确定是由于函数

$$X_1(x), X_2(x), \cdots, X_n(x), \cdots$$

在区间 $(0,l)$ 上的正交性,现在我们来说明若 $n \neq m$,有

$$\int_0^l X_n(x) X_m(x) = 0 \tag{33}$$

为了这个目的,我们提出当以 k_n 替换 k 时,以上所作出的函数 $X_n(x)$ 满足方程(12),就是说

$$X_n^{(4)}(x) = k_n^4 X_n(x)$$

如此我们就有

$$X_n^{(4)}(x) = k_n^4 X_n(x); \quad X_m^{(4)}(x) = k_m^4 X_m(x) \tag{34}$$

式(34)中第一个方程乘以 $X_m(x)$,第二个方程乘以 $X_n(x)$,逐项相减,再由 0 到 l 对 x 求积分,就有

$$(k_m^4 - k_n^4)\int_0^l X_n(x)X_m(x)\mathrm{d}x = \int_0^l [X_m^{(4)}(x)X_n(x) - X_n^{(4)}(x)X_m(x)]\mathrm{d}x \tag{35}$$

于是为要证明公式(33),我们只需证明

$$\int_0^l [X_m^{(4)}(x)X_n(x) - X_n^{(4)}(x)X_m(x)]\mathrm{d}x = 0 \tag{36}$$

因为当 $m \neq n$ 时,因子 $k_m^4 - k_n^4 \neq 0$.

用分部积分法,求得

$$\int X_m^{(4)}(x)X_n(x)\mathrm{d}x = X'''_m(x)X_n(x) - \int X'''_m(x)X'_n(x)\mathrm{d}x =$$
$$X'''_m(x)X_n(x) - X''_m(x)X'_n(x) + \int X''_m(x)X''_n(x)\mathrm{d}x$$

同理

$$\int X_n^{(4)}(x)X_m(x)\mathrm{d}x = X'''_n(x)X_m(x) - X''_n(x)X'_m(x) + \int X''_n(x)X''_m(x)\mathrm{d}x$$

由此不难求出

$$\int_0^l [X_m^{(4)}(x)X_n(x) - X_n^{(4)}(x)X_m(x)]\mathrm{d}x =$$
$$[X'''_m(x)X_n(x) - X_n(x)X_m(x)]\Big|_{x=0}^{x=l} -$$
$$[X''_m(x)X'_n(x) - X''_n(x)X'_m(x)]\Big|_{x=0}^{x=l}$$

这等式右边含有函数 $X_m(x), X_n(x)$ 以及它们的直到三阶微商当 $x=0$ 与 $x=l$ 时的值,无论我们取条件(5)(6)(7)中哪一个,右边每一项总有一个等于 0 的因子. 于是证明了等式(36),也就证明了正交性(33).

当 $m = n$ 时,积分(33)成为

$$I_n = \int_0^l X_n^2(x)\mathrm{d}x \tag{37}$$

从而是完全确定的常数,在每一种特殊情形下,它都不难计算出来,例如在情形 1,我们有

$$I_n = \int_0^l \sin^2 \frac{n\pi x}{l}\mathrm{d}x = \frac{l}{2}$$

如此,若我们把函数组 $X_1(x), X_2(x), \cdots, X_n(x), \cdots$ 换成函数组

$$\frac{X_1(x)}{\sqrt{I_1}}, \frac{X_2(x)}{\sqrt{I_2}}, \cdots, \frac{X_n(x)}{\sqrt{I_n}}, \cdots$$

则不仅得到正交组,而且是标准组[148],就是说每个函数的平方的积分等于

1. 现在回过来确定展开式(32)的系数 A_n,两边乘以 $X_m(x)$,由 0 到 l 对 x 求积分并注意关系式(33)与(37),就直接求得

$$\int_0^l f(x)X_m(x)\mathrm{d}x = A_m I_m$$

由此

$$A_m = \frac{\int_0^l f(x)X_m(x)\mathrm{d}x}{I_m} = \frac{\int_0^l f(x)X_m(x)\mathrm{d}x}{\int_0^l X_m^2(x)\mathrm{d}x}$$

如此我们引出任意函数的类似于傅里叶级数的级数展开式

$$f(x) = \sum_{n=1}^{\infty} A_n X_n(x) \tag{38}$$

其中 $A_n = \dfrac{\int_0^l f(x)X_n(x)\mathrm{d}x}{\int_0^l X_n^2(x)\mathrm{d}x}$.

如此,就不难确定等式(31)中常数 a_n 与 b_n 了,这只要用 $\varphi(x)$ 与 $\varphi_1(x)$ 来替换(38)中的 $f(x)$ 有

$$a_n = \frac{\int_0^l \varphi(x)X_n(x)\mathrm{d}x}{\int_0^l X_n^2(x)\mathrm{d}x}, b_n = \frac{\int_0^l \varphi_1(x)X_n(x)\mathrm{d}x}{\omega_n \int_0^l X_n^2(x)\mathrm{d}x} \tag{39}$$

把所有这些代入到级数(30)中,就得到这问题的最后的解.

对于枢轴的强迫振动的论述与弦的情形完全一样,所不同的只是函数 $f(x,t)$ 不是依正弦的展开式,而是依函数 $X_n(x)$ 的展开式.

由以上显见,驻波法应用于弦的振动以及枢轴的振动时同样有效.特征线法当讨论弦的振动方程以及电报方程时很有效,但是这个方法应用于方程(9)是不成功的.

§4 拉普拉斯方程

192. 调和函数

在这一节中,我们考虑下面形状的偏微分方程

$$\frac{\partial^2 U}{\partial x^2} + \frac{\partial^2 U}{\partial y^2} + \frac{\partial^2 U}{\partial z^2} = 0 \tag{1}$$

其中 U 是 x,y 与 z 的函数.我们已经提到过方程(1)叫作拉普拉斯方程.以前我

们讲过,方程(1)的左边可以记作 ΔU,这叫作拉普拉斯算子作用在函数 U 上. 在[87]中我们看到,引力或电荷的作用力的势量,在产生这个场的引体或电荷之外的空间内所有的点,应当满足方程(1).

在[114]中也遇到过形状如(1)的方程.不可压缩流体的无漩涡流动的速度的势量应当满足这个方程.在[117]中我们证明过,当热变化稳定时,就是温度 U 只依赖于位置而不依赖于时间时,均匀物体的温度应当满足方程(1).同样,在[118]中考虑稳定电场时,我们也会得到拉普拉斯方程.

若函数 U 不依赖于某一个坐标,例如不依赖于 z,则方程(1)化为下面的形状

$$\frac{\partial^2 U}{\partial x^2}+\frac{\partial^2 U}{\partial y^2}=0 \tag{2}$$

在这种情形下,在任何一条平行于 Z 轴的直线上,U 保持有相同的值,或者换句话说就是,在平行于 XY 平面的任何平面上,U 的值的分布是相同的,于是只需考虑 XY 平面就成了.

在某一块容积(三维区域)D 上的,直到二阶微商都是连续的连续函数,如果满足方程(1),就叫作在 D 上的调和函数.对于平面 XY 上的区域,对方程(2)来讲,也采取这个名词.以下我们讲一些调和函数的性质.

在数学物理问题中,通常除去方程(1)外,函数 U 还应当服从于下述的一些边值条件.在这种情形下,自然不用初始条件.关于方程(1)的基本边值问题是下面这个问题:确定一个在区域 D 上的调和函数,使得在这区域的界面 S 上,它取已知的值,这个问题通常叫作狄利克雷问题.在问题的叙述中,所谓在曲面 S 上的 U 的值,意思是指,当由区域 D 的内部逼近于曲面 S 上的点时,U 所得到的极限值.这个问题的更准确的叙述是:求一个函数 U 在 D 内是调和的,在 D 上包含界面 S 内是连续的,并且在 S 上 U 取已知的值.这个在 S 上的已知函数自然应当是连续的.为简单起见,我们算作 D 的界面是一个封闭曲面 S.注意,区域 D 可以是有限的,也可以是无穷的.在后一种情形下,它位于 S 之外,在有限区域的情形,我们有狄利克雷内部问题,在无穷的情形——狄利克雷外部问题.在后一个问题中还要加一个条件,就是当点无限远移时函数趋向 0,或者可以说在无穷远点函数应当成为 0.在狄利克雷问题中,边值条件写成下面的形状

$$U|_S = f(M) \tag{3}$$

其中 $f(M)$ 是在曲面 S 上的已知连续函数,而 M 记这曲面上的动点.狄利克雷内部问题的类似的叙述适用于关于平面区域的方程(2),这时边值条件是在这区域的界线上的 U 的值.在平面上狄利克雷外部问题中,需要当点无限远移时函数有有限的极限.

我们再讲边值条件的一种形态,就是当在曲面上给定了法线微商的值的情形

$$\frac{\partial U}{\partial n} = f(M) \tag{4}$$

求满足这样的边值条件的调和函数的问题叫作诺伊曼问题.在流体力学中考虑刚体在不可压缩流体中的运动时会遇到它.边值条件(4)表达出物体的表面 S 上的点 M 与逼近于点 M 的流体粒子的速度的法线支量重合.诺伊曼问题对于方程(2)可以同样表述.

我们在讲调和函数的性质之前,先讲下面几个以后要用的公式.

193. **格林公式**

设 D 是某一个有界的物体,S 是它的界面,U 与 V 是两个函数,在区域 D 上直到它的界面 S,这两个函数是连续的且有直到二阶的连续微商.我们来考虑积分

$$I = \iiint_{(D)} \left(\frac{\partial U}{\partial x} \frac{\partial V}{\partial x} + \frac{\partial U}{\partial y} \frac{\partial V}{\partial y} + \frac{\partial U}{\partial z} \frac{\partial V}{\partial z} \right) dv = \iiint_{(D)} \operatorname{grad} U \cdot \operatorname{grad} V \, dv$$

注意显然的恒等式

$$\frac{\partial U}{\partial x} \frac{\partial V}{\partial x} = \frac{\partial}{\partial x}\left(U \frac{\partial V}{\partial x} \right) - U \frac{\partial^2 V}{\partial x^2}$$

以及关于 $\frac{\partial}{\partial y}$ 与 $\frac{\partial}{\partial z}$ 的两个类似恒等式,这个积分可以写成下面的形状

$$I = \iiint_{(D)} \left[\frac{\partial}{\partial x}\left(U \frac{\partial V}{\partial x} \right) + \frac{\partial}{\partial y}\left(U \frac{\partial V}{\partial y} \right) + \frac{\partial}{\partial z}\left(U \frac{\partial V}{\partial z} \right) \right] dv - \iiint_{(D)} U \Delta V \, dv$$

依照奥斯特罗格拉德斯基公式变换右边的第一项

$$I = \iint_{(S)} \left[U \frac{\partial V}{\partial x} \cos(n, X) + U \frac{\partial V}{\partial y} \cos(n, Y) + U \frac{\partial V}{\partial z} \cos(n, Z) \right] dS - \iiint_{(D)} U \Delta V \, dv$$

或[102]

$$I = \iint_{(S)} U \frac{\partial V}{\partial n} dS - \iiint_{(D)} U \Delta V \, dv$$

其中 n 是在曲面 S 上的点的法线方向,对物体 D 来讲,它是向外的.

如此我们引出了所谓格林公式的原始型

$$\iiint_{(D)} \left(\frac{\partial U}{\partial x} \frac{\partial V}{\partial x} + \frac{\partial U}{\partial y} \frac{\partial V}{\partial y} + \frac{\partial U}{\partial z} \frac{\partial V}{\partial z} \right) =$$

$$\iiint_{(D)} \text{grad } U \cdot \text{grad } V \, dv = \iint_{(S)} U \frac{\partial V}{\partial n} dS - \iiint_{(D)} U \Delta V \, dv \tag{5}$$

当函数 U 与 V 互换时,这等式的左边不改变,所以右边也有同样的性质,就是说我们可以写成

$$\iint_{(S)} U \frac{\partial V}{\partial n} dS - \iiint_{(D)} U \Delta V \, dv = \iint_{(S)} V \frac{\partial U}{\partial n} dS - \iiint_{(D)} V \Delta U \, dv$$

由此得到格林公式的最终形式

$$\iiint_{(D)} (U \Delta V - V \Delta U) \, dv = \iint_{(S)} \left(U \frac{\partial V}{\partial n} - V \frac{\partial U}{\partial n} \right) dS \tag{6}$$

有时不利用向外的法线,而利用向内的法线,这时只要改变在公式的右边的沿法线的微商的符号,于是对于法线向内的情形格林公式就有如

$$\iiint_{(D)} (U \Delta V - V \Delta U) \, dv = \iint_{(S)} \left(V \frac{\partial U}{\partial n_i} - U \frac{\partial V}{\partial n_i} \right) dS \tag{6_1}$$

其中 n_i 是法线向 D 内的方向.

区域 D 可能是以几个曲面为界的. 在这种情形下应用格林公式时, 只是这公式右边的曲面积分需要沿作为区域 D 的界面的所有的曲面 S 来取. 注意这时法线 n 对容积 D 来讲是向外的, 于是在这块容积里边的界面上法线的方向指向曲面的内部[63].

在介绍格林公式(6)时, 我们提到过只需要求函数 U 与 V 以及它们的直到二级微商直到 S 是连续的. 自然对于曲面 S 也必须有一些要求. 这可以归于引出奥斯特罗格拉德斯基公式所需要的条件[63]. 这些条件可以叙述如下:曲面 S 可以分为有限多片, 使得每一片的方程可以表示成显式 $z = \varphi(x, y)$, 其中 $\varphi(x, y)$ 以及它的一阶微商在平面 XY 的对应的区域上直到界线是连续的. 对于 X 轴与 Y 轴来讲应当满足类似的条件. 曲面可以是有棱角的. 注意坐标轴的选择是任意的, 在所写的公式(6)中没有坐标轴. 具有上述性质的曲面 S 叫作片片平滑的.

由格林公式可以推出一个在应用中很重要的公式, 它给出在 D 内任何点 M_0 的函数值的表达式, 这个表达式是某一曲面积分与某一容积积分之和. 设 $U(M)$ 是确定于区域 D 上的一个函数, 这个函数以及它的直到二阶的微商在区域 D 上直到 S 是连续的.

应用格林公式于这个函数以及函数 $V = \dfrac{1}{r}$, 其中 r 是由位于 D 内的一个确定的点 M_0 到动点 M 的距离. 若点 M 与 M_0 重合, 则函数 $V = \dfrac{1}{r}$ 成为无穷大, 于是对于整个的物体 D 我们不可以应用格林公式. 由这物体中挖去一个小球, 这个球以 M_0 为球心, 小半径为 ρ, 用 D_1 记物体 D 所剩下的部分, 用 Σ_ρ 记挖去的球的球面(图 141). 在区域 D_1 上函数 U 与 V 具有所要求的连续性, 于是对这个区

域应用格林公式就得到

$$\iiint_{(D_1)} \left[U\Delta\left(\frac{1}{r}\right) - \frac{1}{r}\Delta U \right] dv =$$

$$\iint_{(S)} \left[U\frac{\partial\left(\frac{1}{r}\right)}{\partial n} - \frac{1}{r}\frac{\partial U}{\partial n} \right] dS +$$

$$\iint_{(\Sigma_\rho)} \left[U\frac{\partial\left(\frac{1}{r}\right)}{\partial n} - \frac{1}{r}\frac{\partial U}{\partial n} \right] dS \qquad (7)$$

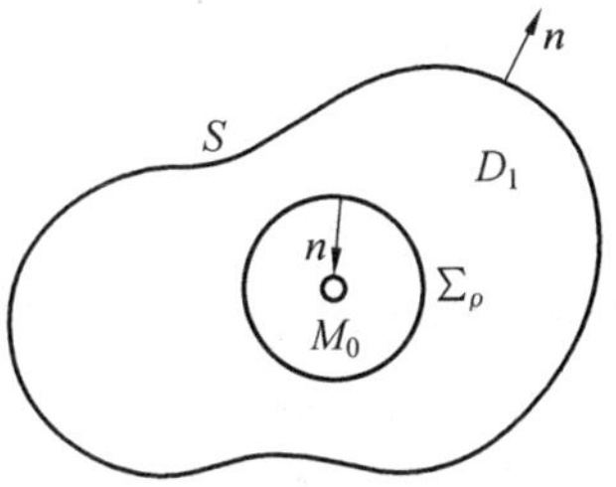

图 141

这里要沿作为物体 D_1 的界面的两个曲面 S 与 Σ_ρ 求积分. 不过,我们讲过,函数 $V = \frac{1}{r}$ 满足拉普拉斯方程,就是 $\Delta\frac{1}{r} = 0$[119]. 此外,在球面 Σ_ρ 上法线 n 的方向指向球内,与半径 r 的方向正相反,所以沿 Σ_ρ 的积分号下的沿法线的微商就是对 r 的微商取相反的符号. 注意以上所述,我们可以把公式(7)写成下面的形状

$$\iiint_{(D_1)} \frac{\Delta U}{r} dv + \iint_{(S)} \left[U\frac{\partial\left(\frac{1}{r}\right)}{\partial n} - \frac{1}{r}\frac{\partial U}{\partial n} \right] dS +$$

$$\iint_{(\Sigma_\rho)} \frac{1}{r^2} U dS - \iint_{(\Sigma_\rho)} \frac{1}{r} \frac{\partial U}{\partial n} dS = 0 \qquad (8)$$

现在我们让挖去的球的半径趋向零. 这时所写的公式中第一项就趋向沿整个容积 D 的积分[86]. 第二项与 ρ 无关. 我们来证明第三项趋向极限 $4\pi U(M_0)$. 注意,在 Σ_ρ 上 r 的大小具有常数值 ρ,于是可以写成

$$\iint_{(\Sigma_\rho)} \frac{1}{r^2} U(M) dS = \frac{1}{\rho^2} \iint_{(\Sigma_\rho)} U(M) dS$$

应用中值定理,就有

$$\iint_{(\Sigma_\rho)} \frac{1}{r^2} U(M) dS = \frac{1}{\rho^2} U(M_\rho) \cdot 4\pi\rho^2 = 4\pi U(M_\rho)$$

其中 M_ρ 是在球面 (Σ_ρ) 上的某一点. 当 $\rho \to 0$ 时这个点趋向 M_0,由此看出上面所写的表达式趋向 $4\pi U(M_0)$. 同样应用中值定理于最后一项就得到

$$-\iint_{(\Sigma_\rho)} \frac{1}{r} \frac{\partial U}{\partial n} dS = -\frac{1}{\rho} \iint_{(\Sigma_\rho)} \frac{\partial U}{\partial n} dS = -\frac{1}{\rho} \frac{\partial U}{\partial n}\bigg|_{M_\rho} 4\pi\rho^2 = -\frac{\partial U}{\partial n}\bigg|_{M_\rho} 4\pi\rho$$

函数 U 沿任何方向的一级微商,当 M_ρ 趋向 M_0 时,保持有界,因为依照假定,在 D 内任何点函数 U 有直到二级的连续微商. 当 $\rho \to 0$ 时,因子 $4\pi\rho$ 趋向零. 由此看出公式(8)中最后一项趋向零. 由公式(8)取极限的结果就给出下面这个我们所要求的格林公式

$$\iiint_{(D)} \frac{\Delta U}{r} dv + \iint_{(S)} \left[U\frac{\partial\left(\frac{1}{r}\right)}{\partial n} - \frac{1}{r}\frac{\partial U}{\partial n} \right] dS + 4\pi U(M_0) = 0$$

或

$$U(M_0) = \frac{1}{4\pi}\iint_{(S)} \left[\frac{1}{r}\frac{\partial U}{\partial n} - U\frac{\partial\left(\frac{1}{r}\right)}{\partial n}\right]dS - \frac{1}{4\pi}\iiint_{(D)}\frac{\Delta U}{r}dv \qquad (9)$$

还要提出,对于任意的函数,只要它以及它的直到二级的微商在区域 D 上直到 S 连续,这个公式总是正确的.

对于平面的情形有完全类似的公式成立. 我们只讲出来不给证明. 设 B 是平面上某一个区域,l 是这个区域的界线,n 是这个界线的法线方向,对 B 来讲是向外的. 对于平面的情形在笛卡儿坐标系下拉普拉斯算子有下面的形状

$$\Delta U = \frac{\partial^2 U}{\partial x^2} + \frac{\partial^2 U}{\partial y^2}$$

类似于公式(6)我们就有在平面上的公式

$$\iint_{(B)}(U\Delta V - V\Delta U)dS = \int_{(l)}\left(U\frac{\partial V}{\partial n} - V\frac{\partial U}{\partial n}\right)ds \qquad (10)$$

与公式(9)不能完全类似,因为引出公式(9)时用了函数 $\frac{1}{r}$ 满足拉普拉斯方程的性质. 对于平面的情形,这不成立,于是替代函数 $\frac{1}{r}$ 需要取拉普拉斯方程的解 $\lg r$ 或 $\lg\frac{1}{r} = -\lg r$,其中 r 是平面上任意一个定点到动点 M 的距离. 如此,替代公式(9),在平面上我们就有下面这公式

$$U(M_0) = \frac{1}{2\pi}\int_{(l)}\left[U\frac{\partial(\lg r)}{\partial n} - \lg r\frac{\partial U}{\partial n}\right]ds + \frac{1}{2\pi}\iint_{(B)}\Delta U \cdot \lg r\, dS \qquad (11)$$

其中 M_0 是 B 内任何一个固定的点,r 是动点 M 到点 M_0 的距离.

注意,在公式(9)中的三重积分是反常积分,因为在点 M_0 被积函数成为无穷大. 不过显然这个积分收敛,因为被积函数的绝对值小于 $\frac{A}{r^p}$,其中 $p=1$. 在公式(11)中也是如此.

194. 调和函数的基本性质

考虑在具有界面 S 的有界区域 D 上的调和函数 U. 算作 U 以及它的直到二级的微商在区域 D 上直到 S 连续,应用格林公式(6)于这个函数 U 以及调和函数 $V \equiv 1$,根据 $\Delta U = \Delta(1) = 0$ 与 $\frac{\partial(1)}{\partial n} = 0$,就得到

$$\iint_{(S)}\frac{\partial U}{\partial n}dS = 0 \qquad (12)$$

就是说,我们有调和函数的第一个性质:调和函数的法线微商沿区域的界面的积分等于零.

若应用公式(9)于调和函数 U,根据 $\Delta U = 0$,就得到

$$U(M_0) = \frac{1}{4\pi} \iint_{(S)} \left[\frac{1}{r} \frac{\partial U}{\partial n} - U \frac{\partial \left(\frac{1}{r}\right)}{\partial n} \right] dS \qquad (13)$$

这就给出调和函数的第二个性质：调和函数在区域内任意点的值，可以由公式(13)通过这函数在区域的界面上的值以及法线微商来表达．

注意，在公式(12)与(13)中的积分不含有函数 U 的二级微商，于是应用这两个公式时只需假定，这调和函数以及它的一级微商在直到 S 连续．为要肯定这一点只需把曲面 S 稍微压缩，对于压缩的区域 D' 写出公式(12)与(13)，在 D' 上直到它的界面，二级微商也有连续性，然后把 D' 扩张到 D 再求极限．压缩可以这样做，例如，在 S 上每一点的向内的法线上截具有相同长度 δ 的一小段，这些线段的端点就形成一个新的(压缩的)曲面．这里曲面 S 应当是这样的，对于所有的足够小的 δ，由所说的变换作出的曲面不会自交而且是片片平滑的[193]．应用公式(13)于一种特殊的区域，这区域是一个球，以 M_0 为球心 R 为半径，自然算作函数 U 在这球上是调和的，并且它以及它的一级微商直到球面 Σ_R 是连续的．

在这种情形下，向外的法线 n 的方向与球的半径的方向相同，于是我们就有

$$\frac{\partial \left(\frac{1}{r}\right)}{\partial n} = \frac{\partial \left(\frac{1}{r}\right)}{\partial r} = -\frac{1}{r^2}$$

由公式(13)得到

$$U(M_0) = \frac{1}{4\pi} \iint_{(\Sigma_R)} \left(\frac{1}{r} \frac{\partial U}{\partial n} + \frac{1}{r^2} U \right) dS$$

不过在球面 Σ_R 上，r 的大小保持常数值 R，所以

$$U(M_0) = \frac{1}{4\pi R} \iint_{(\Sigma_R)} \frac{\partial U}{\partial n} dS + \frac{1}{4\pi R^2} \iint_{(\Sigma_R)} U dS$$

或者，根据(12)，结果就有

$$U(M_0) = \frac{\iint_{(\Sigma_R)} U dS}{4\pi R^2} \qquad (14)$$

这个公式表达出调和函数的第三个性质：调和函数在球心的值等于这函数在球面上的值的算术平均值，就是说，等于函数值沿球面的积分除以这球面的面积．

由这个性质差不多很明显地可以推出下面这个调和函数的第四个性质：

在区域内是调和的且直到区域的边界是连续的函数只是在这区域的边界上达到它的最大值以及最小值，不过这函数是常数的情形除外．我们来仔细的证明这个肯定．设 $U(M)$ 在区域 D 的某一个内点 M_1 达到最大值，其中 $U(M)$ 是

个调和函数. 以 M_1 为心 ρ 为半径在 D 内作一个球面 Σ_ρ, 应用公式(14) 并用函数 U 在球面 Σ_ρ 上的最大值 $U_\rho^{(\max)}$ 来替代被积函数 U. 如此得到
$$U(M_1) \leqslant U_\rho^{(\max)}$$
这里只是当 U 在球面 Σ_ρ 上是常数而等于 $U(M_1)$ 时"="号成立. 依照假设 $U(M_1)$ 是 $U(M)$ 在 D 上的最大值,我们可以肯定,"="号成立于是在属于 D 的以 M_1 为心的任何球面上及其内部 $U(M)$ 是常数. 我们来证明,由此推知 $U(M)$ 在整个区域 D 上是常数.

设 N 是位于 D 内的任何一点. 我们需要证明 $U(N) = U(M_1)$. 用有限长度的曲线 l 连接 M_1 与 N, 例如用位于 D 内的阶形折线, 设 d 是 l 到区域 D 的界面 S 的最短距离(d 是正数). 根据以上所证, 在以 M_1 为心 d 为半径的球上 $U(M)$ 等于常数 $U(M_1)$. 设 M_2 是由 M_1 算起曲线 l 与所说的球的球面的最后一个交点. 我们就有 $U(M_2) = U(M_1)$, 于是依照以上所证, 在以 M_2 为心 d 为半径的球上 $U(M)$ 也等于常数 $U(M_1)$. 设 M_3 是曲线 l 与这个球的球面的最后一个交点. 像上面一样, 在以 M_3 为心 d 为半径的球上函数 $U(M)$ 也等于常数 $U(M_1)$; 以下依此类推. 如此作出很多个这样的球就可以肯定 $U(N) = U(M_1)$, 于是证完. 也可以证明在 D 内 $U(M)$ 不可以有极大值或极小值. 利用所证明的调和函数的性质, 显然容易证明, 我们在[185]中所说的狄利克雷的内部问题只可以有一个解. 实际上, 若假定在 D 内存在两个调和函数 $U_1(M)$ 与 $U_2(M)$, 在这区域的界面 S 上取相同的极限值 $f(M)$, 则差 $V(M) = U_1(M) - U_2(M)$ 在 D 内也满足拉普拉斯方程, 就是说, $V(M)$ 是调和函数并且在曲面 S 上各处它的极限值都等于 0, 根据以上的证明, 由此直接推知, $V(M)$ 在整个区域 D 上恒等于 0, 因为否则它就应当在 D 内达到正的最大值或负的最小值, 这是不可能的. 如此在整个区域 D 上狄利克雷问题的两个解 $U_1(M)$ 与 $U_2(M)$ 应当全同. 同样可以证明狄利克雷外部问题的唯一性, 只要注意到依照条件在无穷远点调和函数应当成为 0.

对于在平面上的调和函数可以得到完全类似的性质. 在这情形下替代公式 (13) 我们有公式
$$U(M_0) = \frac{1}{2\pi} \int_{(l)} \left(U \frac{\partial \lg r}{\partial n} - \lg r \frac{\partial U}{\partial n} \right) ds \tag{15}$$
应用中值定理可以表达成下面的形状
$$U(M_0) = \frac{1}{2\pi R} \int_{\lambda_R} U ds \tag{16}$$
其中 λ_R 是以 M_0 为心, R 为半径的圆周. 对于狄利克雷外部问题, 在无穷远点不是像三维的情形一样要求等于 0, 而只需要有任意的有限极限, 于是狄利克雷问题的唯一性的证明也与以前的情形不同. 我们在卷 Ⅳ 中讲这个证明, 在那里我们更仔细地考虑狄利克雷问题与诺伊曼问题.

现在我们提出，任何常数是调和函数且满足边值条件

$$\frac{\partial U}{\partial n} = 0$$

由此看出，若诺伊曼问题的解加上任意常数，则得到的和也是诺伊曼问题的解，且具有相同的边值 $\frac{\partial U}{\partial n}$，就是说，诺伊曼问题的解的确定可以差一个任意常数项．由公式（12）也可以推知，在诺伊曼内部问题的边值条件中出现的函数 $f(M)$，不可以是任意的，而应当满足条件

$$\iint_S f(M) \mathrm{d}S = 0$$

最后我们提出，当 $U(M)$ 在由曲面 S 外的部分空间形成的无穷区域上是调和的时，公式（13）仍然正确．这时只是需要在无穷远点关于无穷小 $U(M)$ 的级作一些假定．只需（也必须）假定，当无限远移时，下面这不等式成立

$$R|U(M)| \leqslant A; R^2 \left| \frac{\partial U(M)}{\partial l} \right| \leqslant A \qquad (*)$$

其中 R 是由 M 到原点或空间任何一点的距离，A 是一个常数，l 是空间任意的方向．当具有所述条件时，为要证明公式（13），只要对于界于曲面 S 与一个以 M_0 为心半径很大的球面之间的有界区域应用公式（13）．当这个半径趋向无穷时，根据以上所讲的条件，沿球面的积分就等于 0；于是对于位于 S 之外的任何点，我们得到公式（13）．在卷 Ⅳ 中我们将看到，若当点 M 无限远移时 $U(M)$ 趋向零，则条件（*）一定满足．

195. 关于圆的狄利克雷问题的解

在前一段中我们讲到狄利克雷问题只可以有一个解，不过我们还不知道一般说来它有没有解．我们现在不就一般情形考虑这个问题，而只限于考虑特殊情形．为此我们讲求这问题的解的各种方法，由平面的情形开始．

设要求一个函数，在一个圆内是调和的，且在圆周上取预先给定的值．设 R 是这个圆的半径，取这圆的圆心作为坐标原点．这时在圆周上给定的极限值要在圆周上表示成极角的某一个已知的连续函数 $f(\theta)$．在圆内取具有极坐标 (r,θ) 的动点 M．未知函数应当满足拉普拉斯方程[119]

$$\frac{\partial}{\partial r}\left(r \frac{\partial U}{\partial r}\right) + \frac{1}{r} \frac{\partial^2 U}{\partial \theta^2} = 0$$

或

$$r^2 \frac{\partial^2 U}{\partial r^2} + r \frac{\partial U}{\partial r} + \frac{\partial^2 U}{\partial \theta^2} = 0 \tag{17}$$

在这种情形下，我们应用傅里叶方法来求方程（17）的解，使具有一个只含 θ 的函数与一个只含 r 的函数的乘积的形状

$$U = \chi(\theta) \cdot \omega(r) \tag{18}$$

把这个表达式代入到方程(17)中

$$r^2\omega''(r)\chi(\theta) + r\omega'(r)\chi(\theta) + \chi''(\theta)\omega(r) = 0$$

或

$$\frac{\chi''(\theta)}{\chi(\theta)} = -\frac{r^2\omega''(r) + r\omega'(r)}{\omega(r)} \tag{18_1}$$

这个方程左边只含有一个自变量 θ，右边只含有自变量 r，于是推知，两边等于相同的常数，我们把它记作 $(-k^2)$。如此就得到两个方程

$$\chi''(\theta) + k^2\chi(\theta) = 0 \quad \text{与} \quad r^2\omega''(r) + r\omega'(r) - k^2\omega(r) = 0$$

由第一个给出

$$\chi(\theta) = A\cos k\theta + B\sin k\theta$$

第二个是欧拉方程[92]。求它的形状为 $\omega(r) = r^m$ 的解

$$r^2 \cdot m(m-1)r^{m-2} + rmr^{m-1} - k^2 r^m = 0$$

由此消去 r^m，就得到 $m^2 - k^2 = 0$，就是 $m = \pm k$，于是只要常数 $k \neq 0$，这方程的一般积分就是

$$\omega(r) = Cr^k + Dr^{-k}$$

代入到公式(18)中，就得到关于 U 的表达式

$$U = (A\cos k\theta + B\sin k\theta)(Cr^k + Dr^{-k}) \tag{19}$$

当 $k = 0$ 时，我们有方程

$$\chi''(\theta) = 0 \quad \text{与} \quad r\omega''(r) + \omega'(r) = 0$$

于是不难证明，可以得到

$$U = (A + B\theta)(C + D\lg r) \tag{19_1}$$

在公式(19)与(19_1)中，A, B, C, D 与 k 都是常数，现在我们来确定它们。注意，角度 θ 增加 2π 相当于绕坐标原点转一圈，这时单值函数 $U(r, \theta)$ 应当回到原来的值。就是说，公式(19)中依赖于 θ 的第一个因子应当是 θ 的周期函数，而以 2π 为周期。由此推知，常数 k 只可以取整数值 $k = \pm 1, \pm 2, \pm 3, \cdots, \pm n, \cdots$。

不过若在公式(19)中代入 $k = n$ 或 $k = -n$，则由系数 B 的任意性，所得到的结果恰好相同，所以常数 k 可以只限于取正整数值(问题的特征数)，就是说 $k = n (n = 1, 2, 3, \cdots)$。

由于解(19_1)的周期性需要使得常数 $B = 0$。如此我们求出下面的解

$$U_n(r, \theta) = (A_n\cos n\theta + B_n\sin n\theta)(C_n r^n + D_n r^{-n}) \quad (n = 1, 2, 3, \cdots)$$

$$U_0(r, \theta) = A_0(C_0 + D_0\lg r)$$

这里对于整数 n 的不同的值，常数可能是不同的，所以我们区别开它们的值。现在再看第二个因子，它依赖于 r，注意，在圆心，就是当 $r = 0$ 时，未知解应当是有限的，而且是连续的，由此推知，必须设所有的常数 D_n 与 D_0 都等于 0。用 A_n 记

任意常数 A_nC_n，用 B_n 记 B_nC_n，用 $\frac{A_0}{2}$ 记 A_0C_0，我们可以把解写成下面的形状

$$U_n(r,\theta) = (A_n\cos n\theta + B_n\sin n\theta)r^n$$

$$U_0(r,\theta) = \frac{A_0}{2}$$

根据拉普拉斯方程是线性的而且是齐次的，这些解的和也是个解，就是说，我们得到下面形状的解

$$U(r,\theta) = \frac{A_0}{2} + \sum_{n=1}^{\infty}(A_n\cos n\theta + B_n\sin n\theta)r^n \tag{20}$$

现在我们依照给定的边值条件

$$U(r,\theta)\big|_{r=R} = f(\theta) \tag{21}$$

来确定任意常数 A_n 与 B_n。它给出

$$f(\theta) = \frac{A_0}{2} + \sum_{n=1}^{\infty}(A_n\cos n\theta + B_n\sin n\theta)R^n \tag{22}$$

由此看出，在长为 2π 的区间上，例如在 $(-\pi,\pi)$ 上，函数 $f(\theta)$ 的傅里叶系数是 A_nR^n 与 B_nR^n。依照已知的公式

$$A_n = \frac{1}{\pi R^n}\int_{-\pi}^{\pi}f(t)\cos nt\,dt; B_n = \frac{1}{\pi R^n}\int_{-\pi}^{\pi}f(t)\sin nt\,dt \tag{23}$$

计算出 A_n,B_n，把由此得到的结果代入到公式(20)中就得出狄利克雷问题的未知解。

比较傅里叶级数(22)与给出问题的解的公式(20)，可以把得到的结果叙述如下：为了得到关于圆的狄利克雷问题的解，需要写出关于边值 $f(\theta)$ 的傅里叶级数，再把这级数的第 $n+1$ 项乘以 $\left(\frac{r}{R}\right)^n$。

替代无穷级数(20)，也可以把解表示成定积分的形状。把系数的表达式(23)代入到公式(20)中

$$U(r,\theta) = \frac{1}{2\pi}\int_{-\pi}^{\pi}f(t)dt + \sum_{n=1}^{\infty}\frac{1}{\pi}\int_{-\pi}^{\pi}f(t)\cos n(t-\theta)\cdot\left(\frac{r}{R}\right)^n dt$$

或

$$U(r,\theta) = \frac{1}{2\pi}\int_{-\pi}^{\pi}f(t)\left[1 + 2\sum_{n=1}^{\infty}\left(\frac{r}{R}\right)^n\cos n(t-\theta)\right]dt$$

由[Ⅰ,174]中公式(14)直接得到

$$1 + 2\sum_{n=1}^{\infty}r^n\cos n\varphi = \frac{1-r^2}{r^2 - 2r\cos\varphi + 1} \quad (0\leq r<1) \tag{24}$$

用 $\left(\frac{r}{R}\right)$ 替代 r，用 $t-\theta$ 替代 φ，结果就得到下面关于 $U(r,\theta)$ 的表达式

$$U(r,\theta) = \frac{1}{2\pi}\int_{-\pi}^{\pi}f(t)\frac{R^2 - r^2}{R^2 - 2rR\cos(t-\theta) + r^2}dt \tag{25}$$

我们提出，若我们不把方程(18_1)的两边记作$-k^2$，而记作$+k^2$，则在表达式(19)中，替代$A\cos k\theta + B\sin k\theta$就有$Ae^{k\theta} + Be^{-k\theta}$，而对于任何的实数$k$，后面这个函数不是周期的.

引出公式(25)时，我们假定了狄利克雷问题的解存在，也就是未知函数$U(r,\theta)$存在. 此外，我们利用了$f(\theta)$的傅里叶级数展开式，这并不是必然成立的；并且我们在这表达式中直接代入了$r=R$. 所有这些迫使我们需要验证公式(25)，就是说，我们应当证明，在$r<R$的圆内，公式(25)右边的积分给出调和函数，并且$f(\theta)$是该函数在这圆周上的极限值. 我们提出，公式(25)中的积分叫作泊松积分.

196. 泊松积分

为简单起见，在这一段中我们设圆的半径$R=1$，于是公式(25)可以写成下面的形状

$$U(r,\theta) = \frac{1}{2\pi}\int_{-\pi}^{\pi} f(t)\frac{1-r^2}{1-2r\cos(t-\theta)+r^2}\mathrm{d}t \tag{26}$$

这个积分给出r与θ的一个函数，因为在它的被积函数的第二个因子

$$\frac{1-r^2}{1-2r\cos(t-\theta)+r^2} \tag{27}$$

中，除积分变量t外，还含有参变量r与θ. 这时对变量θ来讲，函数(27)以2π为周期，所以函数(26)也以2π为周期. 由显然的不等式$1-2r\cos(t-\theta)+r^2 \geqslant 1-2r+r^2 = (1-r)^2$推知，当$0 \leqslant r < 1$时，表达式(27)以及它的任何级微商都是$r$与$\theta$的连续函数. 由此推知，积分(26)可以在积分号下对r与θ求微商[80]，这时求微商只涉及因子(27). 不过，利用极坐标系中拉普拉斯算子的表达式[119]，不难验证，函数(27)满足拉普拉斯方程. 由此直接推知，当$r<1$时，公式(26)确定一个调和函数$U(r,\theta)$. 只剩下要证明，它在圆周$r=1$上的极限值等于$f(\theta)$，这也就是证明的主要部分.

首先我们注意，若在公式(26)中设$f(t)=1$，则调和函数$U(r,\theta)$就恒等于1，就是说，下面这个公式是正确的

$$1 = \frac{1}{2\pi}\int_{-\pi}^{\pi}\frac{1-r^2}{1-2r\cos(t-\theta)+r^2}\mathrm{d}t \tag{28}$$

我们来证明这个公式. 依照(24)有

$$\frac{1-r^2}{1-2r\cos(t-\theta)+r^2} = 1 + 2\sum_{n=1}^{\infty} r^n \cos n(t-\theta) \quad (0 \leqslant r < 1)$$

右边的级数对t来讲是一致收敛的，因为这个级数的项的绝对值不大于$2r^n$. 由这级数对t逐项求积分，就得到(28).

确定于圆周$r=1$上的函数$f(t)$以2π为周期，就是说$f(-\pi)=f(\pi)$. 我们

假定在区间$(-\pi,\pi)$之外，它依照周期性的规律延续．引用新的积分变量$\varphi=t-\theta$来替代t，就是说，$t=\varphi+\theta$而$\mathrm{d}t=\mathrm{d}\varphi$．注意$f(t)$与$\cos(t-\theta)$的周期性，我们可以仍然保留以前的积分区间$(-\pi,\pi)$[142]，并写成

$$U(r,\theta)=\frac{1}{2\pi}\int_{-\pi}^{\pi}f(\varphi+\theta)\frac{1-r^2}{1-2r\cos\varphi+r^2}\mathrm{d}\varphi \tag{29}$$

设点(r,θ)趋向在圆周上的点$(1,\theta_0)$．这时我们需要证明

$$\lim U(r,\theta)=f(\theta_0)$$

在积分(28)中作同样的换元，两边乘以$f(\theta_0)$，再由(29)逐项减去，得到的结果就是

$$U(r,\theta)-f(\theta_0)=\frac{1}{2\pi}\int_{-\pi}^{\pi}[f(\varphi+\theta)-f(\theta_0)]\frac{1-r^2}{1-2r\cos\varphi+r^2}\mathrm{d}\varphi \tag{30}$$

我们需要证明，当$r\to1$而$\theta\to\theta_0$时，右边的积分趋向0，就是说，只要r与1足够近而θ与θ_0足够近时，这积分的绝对值可以随意小．对于给定的任何正数ε，可以指出这样的η，使得在区间$-\eta\leqslant\varphi\leqslant\eta$上，当$\theta$与$\theta_0$足够近时

$$|f(\varphi+\theta)-f(\theta_0)|<\frac{\varepsilon}{2} \tag{31}$$

在积分(30)中，把积分区间分为三部分

$$(-\pi,-\eta),(-\eta,\eta),(\eta,\pi) \tag{32}$$

我们来估计沿第二个区间的积分的绝对值

$$I_2=\frac{1}{2\pi}\int_{-\eta}^{\eta}[f(\varphi+\theta)-f(\theta_0)]\frac{1-r^2}{1-2r\cos\varphi+r^2}\mathrm{d}\varphi$$

注意，积分号下的分式是正的，我们把差$f(\varphi+\theta)-f(\theta_0)$换成它的绝对值，再应用(31)，就得到

$$|I_2|<\frac{\varepsilon}{2}\cdot\frac{1}{2\pi}\int_{-\eta}^{\eta}\frac{1-r^2}{1-2r\cos\varphi+r^2}\mathrm{d}\varphi$$

或者，加宽积分区间

$$|I_2|<\frac{\varepsilon}{2}\cdot\frac{1}{2\pi}\int_{-\pi}^{\pi}\frac{1-r^2}{1-2r\cos\varphi+r^2}\mathrm{d}\varphi$$

于是，根据(28)得

$$|I_2|<\frac{\varepsilon}{2} \tag{33}$$

现在我们考虑沿(32)中第一个区间的积分．在这区间上$\cos\varphi\leqslant\cos\eta$，于是

$$1-2r\cos\varphi+r^2\geqslant1-2r\cos\eta+r^2=(1-r)^2+2r(1-\cos\eta)$$

或

$$1-2r\cos\varphi+r^2\geqslant4r\sin^2\frac{\eta}{2}$$

由于 $f(t)$ 是连续函数,差 $f(\varphi+\theta)-f(\theta_0)$ 的绝对值不超过某一个确定的正数 M. 如此,对于沿(32)中第一个区间的积分我们得到估计值

$$|I_1| < \frac{M}{8\pi r \sin^2 \frac{\eta}{2}}(1-r^2)(\pi-\eta)$$

对于沿(32)中第三个区间的积分可以得到相同的估计值. 当 r 趋向 1 时,上面这不等式右边趋向 0,于是推知,对于所有的与 1 足够近的 r,沿(32)第一个与第三个区间的积分之和的绝对值小于 $\frac{\varepsilon}{2}$. 注意(33)以及 ε 的任意小性,我们可以肯定,当 $r \to 1$ 而 $\theta \to \theta_0$ 时,等式(30)的右边实际上趋向 0.

现在我们提出积分(26)与函数 $f(\theta)$ 的傅里叶级数的连紧. 这个傅里叶级数具有(22)的形状,我们现在让 $R=1$

$$\frac{A_0}{2} + \sum_{n=1}^{\infty}(A_n\cos n\theta + B_n\sin n\theta) \tag{34}$$

其中的系数是当 $R=1$ 时由公式(23)确定的. 例如,若 $f(\theta)$ 满足狄利克雷条件[143],则对于任何的 θ,级数(34)收敛. 不过在一般的连续函数的情形下,我们不可以这样肯定. 但是在任何情形下,当 $n \to \infty$ 时 A_n 与 $B_n \to 0$,于是当 $r<1$ 时,级数

$$\frac{A_0}{2} + \sum_{n=1}^{\infty}(A_n\cos n\theta + B_n\sin n\theta)r^n \tag{35}$$

收敛,并且在[195]中我们讲过,这个级数的和给出函数(26). 并且说明,当 $r \to 1$ 时级数(35)的和趋向 $f(\theta)$,就是说,它趋向一个函数,而傅里叶级数(34)就是由这个函数作出来的,这里傅里叶级数(34)可能是发散级数.

把这样的想法应用于任何的级数

$$\sum_{n=1}^{\infty} u_n \tag{36}$$

若这个级数收敛而有和 s,则幂级数理论中的阿贝尔定理[Ⅰ,148]说明,当 $0 \leqslant r < 1$ 时,级数

$$\omega(r) = \sum_{n=0}^{\infty} u_n r^n \tag{37}$$

收敛,再根据它在区间 $0 \leqslant r \leqslant 1$ 的一致收敛性[Ⅰ,149],我们就有

$$\lim_{r \to 1-0} \omega(r) = s \tag{38}$$

不过也有时级数(36)发散,而当 $0 \leqslant r < 1$ 时级数(37)收敛,并且当 $r \to 1-0$ 时 $\omega(r)$ 有极限,就是说,(38)成立. 在这种情形下,s 叫作发散级数(36)在阿贝尔意义下的广义和,并且我们说,依照阿贝尔意义,级数(36)是可求和的. 由上所述直接推出,对于收敛级数,这个广义和存在而且与普通的级数和全同.

以上所得到的关于泊松积分的结果可以叙述如下:若对于任何的 θ, $f(\theta)$ 是连续的周期函数,则依照阿贝尔意义,它的傅里叶级数是可求和的,而且广义和等于 $f(\theta)$. 还要提出一点,我们讨论泊松积分时,让点 (r,θ) 趋向极限点 $(1, \theta_0)$ 时,并不限制要沿着半径,而是可取任何方式的.

设在积分(26)中 $r>1$. 像以上完全一样,可以肯定,这时积分(26)在圆周 $r=1$ 之外给出一个调和函数. 为要讨论它的极限值,我们把它写成下面的形状

$$U(r,\theta) = -\frac{1}{2\pi}\int_{-\pi}^{\pi} f(t) \frac{1-\left(\frac{1}{r}\right)^2}{1-2\frac{1}{r}\cos(t-\theta)+\left(\frac{1}{r}\right)^2} dt \qquad (26_1)$$

如果在积分(26)中用 $\frac{1}{r}$ 来替代 r,就与这个积分全同,并且根据 $r>1$,我们就有 $\frac{1}{r}<1$. 如此,把以上的理由,应用于公式 (26_1) 中的积分,把 r 换成 $\frac{1}{r}$,于是当点 (r,θ) 自圆周外趋向点 $(1,\theta_0)$ 时,函数 (26_1) 趋向 $f(\theta_0)$. 如此,我们可以肯定,函数

$$V(r,\theta) = \frac{1}{2\pi}\int_{-\pi}^{\pi} f(t) \frac{r^2-1}{1-2r\cos(t-\theta)+r^2} dt$$

给出关于圆周外的一部分平面的、具有极限值 $f(\theta)$ 的狄利克雷问题的解. 当点 (r,θ) 无限远移时,由最后这公式看出,函数 $V(r,\theta)$ 有有限的极限

$$\lim_{a\to\infty} V(r,\theta) = \frac{1}{2\pi}\int_{-\pi}^{\pi} f(t) dt$$

以上我们提到过,对于在一个封闭界线 l 之外的平面的无穷部分,狄利克雷问题的解 $u(M)$ 是唯一的,只要假定当点 M 无限远移时,未知函数趋向有限的极限.

197. 关于球的狄利克雷问题

设 R 是球 Σ 的半径,$f(M')$ 是调和函数在球面上的已知的极限值,这里 M' 是这球面上的动点. 考虑在 Σ 内的任何一个确定的点 M_0,用 r 记空间的动点 M 到 M_0 的距离. 与点 M_0 同时,我们还考虑位于球半径 OM_0 的延长线上的一点 M_1,它们之间具有下面的关系(图142)

$$\overline{OM_0} \cdot \overline{OM_1} = R^2 \qquad (39)$$

位于球 Σ 之外的点 M_1,对 Σ 来讲,有时叫作 M_0 的对称点. 用 r_1 来记动点 M 到 M_1 的距离. 若 M 出现在球面 Σ 上某一点 M' 的位置,则 r 与 r_1 两个量由简单的关系相联系,现在我们来求这个关系. 注意,$\triangle OM_0M'$ 与 $\triangle OM_1M'$ 是相似的,因为它们有以 O 为顶角的公共角,并且作成这两个角的两组边成比例,由相似性推出

$$\left|\frac{M_0M'}{M_1M'}\right| = \left|\frac{OM_0}{OM'}\right|$$

或

$$\frac{r}{r_1} = \frac{|OM_0|}{R}$$

由此

$$\frac{1}{r_1} = \frac{\rho}{R} \cdot \frac{1}{r} \quad (40)$$

其中 $\rho = |OM_0|$ 是由球心到点 M_0 的向量半径之长. 函数 $\frac{1}{r_1}$ 在球内不会成为无穷大, 因为 M_1 位于球外, 并且在球内它是一个调和函数[119]. 公式(40)给出这个函数在球面上的边值. 设 $U(M)$ 是狄利克雷问题的未知解. 公式(13)给出

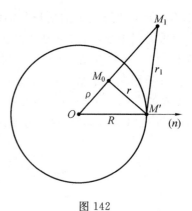

图 142

$$U(M_0) = \frac{1}{4\pi}\iint_{(\Sigma)}\left[\frac{1}{r}\frac{\partial U}{\partial n} - U\frac{\partial \frac{1}{r}}{\partial n}\right]dS \quad (41)$$

另外, 应用公式(6)于调和函数 U 与 $V = \frac{1}{r_1}$, 就得到

$$0 = \iint_{(\Sigma)}\left[\frac{1}{r_1}\frac{\partial U}{\partial n} - U\frac{\partial \frac{1}{r_1}}{\partial n}\right]dS \quad (42)$$

把公式(42)逐项乘以常数 $\frac{R}{4\pi\rho}$, 再由式(41)减去, 根据式(40)就消去了 $\frac{\partial U}{\partial n}$, 得到

$$U(M_0) = \frac{1}{4\pi}\iint_{(\Sigma)} U \cdot \left[\frac{R}{\rho}\frac{\partial\left(\frac{1}{r_1}\right)}{\partial n} - \frac{\partial\left(\frac{1}{r}\right)}{\partial n}\right]dS$$

不过在 Σ 上 U 的值可以表示成已知函数 $f(M')$, 于是我们可以写成

$$U(M_0) = \frac{1}{4\pi}\iint_{(\Sigma)} f(M') \left[\frac{R}{\rho}\frac{\partial\left(\frac{1}{r_1}\right)}{\partial n} - \frac{\partial\left(\frac{1}{r}\right)}{\partial n}\right]dS \quad (43)$$

这个公式就解决了关于球的狄利克雷问题, 因为积分号下是已知的量. 我们再来变换方括号中的差. 首先要注意, 曲面 $r =$ 常数是以 M_0 为心的球面, 所以 $\operatorname{grad} r$ 是一个向量, 长度为 1, 具有 $\overline{M_0M}$ 的方向, 于是推知

$$\frac{\partial r}{\partial n} = \operatorname{grad}_n r = \cos(r, n)$$

而且

$$\frac{\partial\left(\frac{1}{r}\right)}{\partial n}=\frac{\partial\frac{1}{r}}{\partial r}\cdot\frac{\partial r}{\partial n}=-\frac{1}{r^2}\cos(r,n)$$

同理

$$\frac{\partial\frac{1}{r_1}}{\partial n}=-\frac{1}{r_1^2}\cos(r_1,n)$$

其中在余弦记号下的 r 与 r_1 各记为 M_0M 与 M_1M 的方向. 这就给出

$$\frac{R}{\rho}\frac{\partial\left(\frac{1}{r_1}\right)}{\partial n}-\frac{\partial\left(\frac{1}{r}\right)}{\partial n}=\frac{1}{r^2}\cos(r,n)-\frac{R}{\rho r_1^2}\cos(r_1,n) \tag{44}$$

引用一个量 $\rho_1=|OM_1|=\frac{R^2}{\rho}$,由 $\triangle OM'M_0$ 与 $\triangle OM'M_1$ 可以写成

$$\rho^2=R^2+r^2-2Rr\cos(r,n);\rho_1^2=R^2+r_1^2-2Rr_1\cos(r_1,n)$$

由此确定出 $\cos(r,n)$ 与 $\cos(r_1,n)$,代入到表达式(44)中,根据公式(40)与 ρ_1 的定义,就有

$$\frac{R}{\rho}\frac{\partial\left(\frac{1}{r_1}\right)}{\partial n}-\frac{\partial\left(\frac{1}{r}\right)}{\partial n}=\frac{R^2-\rho^2}{Rr^3}$$

于是公式(43)可以写成下面的形状

$$U(M_0)=\frac{1}{4\pi R}\iint_{(\Sigma)}f(M')\frac{R^2-\rho^2}{r^3}\mathrm{d}S \tag{45}$$

或者,引用由向量半径 $\overline{OM_0}$ 与变向量半径 $\overline{OM'}$ 作成的角度 γ,点 M' 的角球面坐标 (θ',φ') 以及点 M_0 的球面坐标 $(\rho_0,\theta_0,\varphi_0)$,这里坐标原点在点 O,得

$$U(\rho_0,\theta_0,\varphi_0)=\frac{R}{4\pi}\int_0^{2\pi}\int_0^{\pi}f(\theta',\varphi')\frac{R^2-\rho^2}{(R^2-2\rho R\cos\gamma+\rho^2)^{3/2}}\sin\theta'\mathrm{d}\theta'\mathrm{d}\varphi'$$

(46)

所得到的表示 $U(M_0)$ 的积分与平面情形下的泊松积分类似. 为要证明出现在公式(45)中的积分给出调和函数,只需证明,对于固定的点 M',分式 $\frac{R^2-\rho^2}{r^3}$ 是 M_0 的调和函数. 引用球面坐标系,以点 M' 为坐标原点,由 M' 到 O 的方向为 Z 轴,记作 $\theta=\angle OM'M_0$. 这时 $\rho^2=R^2-2Rr\cos\theta+r^2$,于是

$$\frac{R^2-\rho^2}{r^3}=\frac{2R\cos\theta}{r^2}-\frac{1}{r}$$

把这个差代入到球面坐标系的拉普拉斯方程中,就可以肯定上述的分式是点 M_0 的调和函数. 现在证明,对于球内 M_0 的任何位置,下面这公式成立

$$\frac{1}{4\pi R}\iint_{\Sigma}\frac{R^2-\rho^2}{r^3}\mathrm{d}S=1 \tag{$*$}$$

再引用球面坐标系,以点 O 为坐标原点,由 O 到 M_0 的方向为 Z 轴,在这情形下, $\theta = \angle M_0 OM'$, $r^2 = R^2 - 2R\rho\cos\theta + \rho^2$. 出现在公式($*$)中的积分就是

$$\frac{R^2-\rho^2}{4\pi R}\int_0^{2\pi}\int_0^\pi \frac{R^2\sin\theta \mathrm{d}\theta \mathrm{d}\varphi}{(R^2-2R\rho\cos\theta+\rho^2)^{3/2}} =$$

$$\frac{(R^2-\rho^2)R}{2}\int_0^\pi \frac{\sin\theta \mathrm{d}\theta}{(R^2-2\rho R\cos\theta+\rho^2)^{3/2}} =$$

$$\frac{R^2-\rho^2}{2\rho}(R^2-2\rho R\cos\theta+\rho^2)^{-1/2}\Big|_{\theta=\pi}^{\theta=0}$$

或者,注意到 $\rho < R$,就得到公式($*$)

$$\frac{1}{4\pi R}\iint_\Sigma \frac{R^2-\rho^2}{r^3}\mathrm{d}S = \frac{R^2-\rho^2}{2\rho}\left(\frac{1}{R-\rho}-\frac{1}{R+\rho}\right) = 1$$

最后要证明积分(45)在球面上具有边值 $f(M)$,这可以像在泊松积分的情形所作的一样.

下面的公式给出具有边值 $f(M)$ 的狄利克雷外部问题的解

$$U(M_0) = \frac{1}{4\pi R}\iint_{(\Sigma)} f(M')\frac{\rho^2-R^2}{r^3}\mathrm{d}S \tag{45_1}$$

或

$$U(\rho,\theta_0,\varphi_0) = \frac{R}{4\pi}\int_0^{2\pi}\int_0^\pi f(\theta',\varphi')\frac{\rho^2-R^2}{(R^2-2\rho R\cos\gamma+\rho^2)^{3/2}}\sin\theta' \mathrm{d}\theta' \mathrm{d}\varphi' \tag{46_1}$$

其中 $\rho = |\overline{OM_0}|$, $r = |\overline{M_0 M'}|$, $\gamma = \angle M_0 OM'$,不过在这种情形下 $\rho > R$. 像上面一样,可以肯定,公式(45_1)中的积分在球面外给出调和函数. 为要验证 $U(M_0)$ 的极限值等于 $f(M)$,把公式(46_1)写成下面的形式

$$U(\rho,\theta_0,\varphi_0) = \frac{\rho}{4\pi}\int_0^{2\pi}\int_0^\pi f(\theta',\varphi')\frac{R'^2-\rho'^2}{(R'^2-2\rho'R'\cos\gamma+\rho'^2)^{3/2}}\sin\theta' \mathrm{d}\theta' \mathrm{d}\varphi' \tag{46_2}$$

其中 $\rho' = \rho^{-1}$ 而 $R' = R^{-1}$. 这时 $\rho' < R'$, 当点 $(\rho,\theta_0,\varphi_0)$ 趋向位于球面 Σ 上的点 $M(R,\theta,\varphi)$ 时, $(\rho',\theta_0,\varphi_0)$ 趋向 (R',θ,φ). 根据对于球内所得到的结果,我们就有

$$\frac{R'}{4\pi}\int_0^{2\pi}\int_0^\pi f(\theta',\varphi')\frac{R'^2-\rho'^2}{(R'^2-2\rho'R'\cos\gamma+\rho'^2)^{3/2}}\sin\theta' \mathrm{d}\theta' \mathrm{d}\varphi' \to f(M)$$

于是,注意到 $\rho' \to R'$,就可以肯定公式(46_2)的右边趋向 $f(M)$,这就是我们所要证明的. 还要提出,根据(46_1),当点 M_0 无限远移时,就是当 $\rho \to \infty$ 时, $U(\rho,\theta_0,\varphi_0) \to 0$. 这是由于公式($46_1$)的积分号下的分子含有 ρ^2 而分母显然与 ρ^3 同级.

198. 格林函数

由所讲的关于球的狄利克雷问题的解,可以引出关于任何曲面 S 的狄利克

雷内部问题的一般情形的讨论.公式(13)不能直接给出问题的解,因为在重积分号下出现的,不仅是在曲面上具有已知值的 U,而且还有 $\frac{\partial U}{\partial n}$. 为了得到问题的解,需要消去 $\frac{\partial U}{\partial n}$. 设 M_0 是 S 内一定点.设已知函数 $G_1(M;M_0)$ 具有下述两个性质:1) 作为动点 M 的函数,它在 S 内是调和函数;2) 在曲面 S 上它的极限值等于 $\frac{1}{r}$,其中 r 是 S 上的动点到 M_0 的距离.设 $U(M)$ 是狄利克雷问题的未知解.应用公式(6)于调和函数 $U(M)$ 与 $G_1(M;M_0)$,可以写成

$$0 = \iint_{(S)} \left[U(M) \frac{\partial G_1(M;M_0)}{\partial n} - G_1(M;M_0) \frac{\partial U(M)}{\partial n} \right] dS$$

或者,根据关于 $G_1(M;M_0)$ 的极限条件

$$0 = \iint_{(S)} \left[U(M) \frac{\partial G_1(M;M_0)}{\partial n} - \frac{1}{r} \frac{\partial U(M)}{\partial n} \right] dS$$

这个等式乘以 $\frac{1}{4\pi}$,再与式(13)相加,就得到

$$U(M_0) = -\frac{1}{4\pi} \iint_{(S)} U(M) \frac{\partial}{\partial n} \left[\frac{1}{r} - G_1(M;M_0) \right] dS \tag{47}$$

如果函数 $G_1(M;M_0)$ 是已知的,这个公式就给出问题的解.在方括号中的差

$$G(M;M_0) = \frac{1}{r} - G_1(M;M_0) \tag{48}$$

叫作关于以曲面 S 为界的区域的格林函数,以点 M_0 为极点.由 $G_1(M;M_0)$ 的定义推出格林函数的两个基本性质:

1. 除点 M_0 外,$G(M;M_0)$ 在 S 内是调和函数,在点 M_0 它成为无穷大,而差 $G(M;M_0) - \frac{1}{r}$ 保持有界.

2. 在曲面 S 上 $G(M;M_0)$ 的极限值等于 0.

如果我们把一个单位正电荷移到点 M_0,并假定 S 是一个与地面连接的导面,则格林函数给出在 S 内所得到的电场的电动势.

在球面的情形下,根据公式(26),函数 $G_1(M;M_0)$ 就等于 $\frac{R}{\rho} \cdot \frac{1}{r_1}$,而格林函数就是

$$G(M;M_0) = \frac{1}{r} - \frac{R}{\rho} \cdot \frac{1}{r_1} \tag{49}$$

我们得到公式(47)时,利用了公式(13)并对 $U(M)$ 与 $G_1(M;M_0)$ 应用了格林积分公式.应用这些积分公式的可能性需要特别证明,这些证明在于当逼近曲面 S 时对微商的研究.在对曲面 S 以及 S 上的函数 $U(M)$ 有较广泛的假定

下,公式(47)的严格证明是 A. M. 拉普诺夫首先给出的.

对于平面的情形,完全类似的,我们有关于狄利克雷内部问题的解的公式

$$U(M_0) = -\frac{1}{2\pi}\int_l U(M) \frac{\partial G(M;M_0)}{\partial n} ds \qquad (47_1)$$

其中对于以 l 为界的区域,以 M_0 为极点的格林函数 $G(M;M_0)$ 具有下述的两个性质:

1. 除点 M_0 外在 l 内 $G(M;M_0)$ 是调和函数,在点 M_0 它成为无穷大,而差 $G(M;M_0) - \lg\frac{1}{r}$ 在点 M_0 也是调和函数.

2. 在界线 l 上 $G(M;M_0)$ 的极限值等于 0.

不难看出,只可以存在一个这样的函数,具有上述两个性质.实际上,假如有两个:$G^{(2)}(M;M_0)$ 与 $G^{(1)}(M;M_0)$,则在 S 或 l 内它们的差 $G^{(2)}(M;M_0) - G^{(1)}(M;M_0)$ 到处是调和的,而且在 S 或 l 上的边值等于 0,于是这个差在 S 或 l 内恒等于 0.

199. 半空间的情形

作为应用公式(47)的特例,我们考虑关于半空间的狄利克雷问题要求一个在半空间 $z > 0$ 上的调和函数 $U(x,y,z)$,设已知它在平面 $z = 0$ 上的边值 $f(x,y)$

$$U|_{z=0} = f(x,y) \qquad (50)$$

设 r 是由动点 M 到点 $M_0(x_0, y_0, z_0)$ 的距离,其中 $z_0 > 0$;r_1 是由动点 M 到点 $M'_0(x_0, y_0, -z_0)$ 的距离,对平面 $z = 0$ 来讲,M' 是 M_0 的对称点.在半空间 $z > 0$ 上分式 $\frac{1}{r_1}$ 是点 M 的调和函数,因为 M'_0 位于这半空间之外.若点 M 出现在平面 $z = 0$ 上,则显然 $\frac{1}{r_1} = \frac{1}{r}$. 如此,在所考虑的情形下,格林函数有下面的形状

$$G(M;M_0) = \frac{1}{r} - \frac{1}{r_1} = \frac{1}{\sqrt{(x-x_0)^2 + (y-y_0)^2 + (z-z_0)^2}} - \frac{1}{\sqrt{(x-x_0)^2 + (y-y_0)^2 + (z+z_0)^2}}$$

对于半空间 $z > 0$ 来讲,平面 $z = 0$ 的向外的法线的方向是与 z 轴相反的方向,就是说 $\frac{\partial}{\partial n} = -\frac{\partial}{\partial z}$,于是公式(47)给出

$$U(x_0, y_0, z_0) = \frac{1}{4\pi} \int_{-\infty}^{+\infty}\int_{-\infty}^{+\infty} f(x,y) \frac{\partial}{\partial z}\left[\frac{1}{\sqrt{(x-x_0)^2 + (y-y_0)^2 + (z-z_0)^2}} - \right.$$

$$\left.\frac{1}{\sqrt{(x-x_0)^2+(y-y_0)^2+(z+z_0)^2}}\right]_{z=0} \mathrm{d}x\mathrm{d}y$$

对方括号内求微商后需要设 $z=0$. 化简,结果得到

$$U(x_0,y_0,z_0) = \frac{z_0}{2\pi}\int_{-\infty}^{+\infty}\int_{-\infty}^{+\infty} \frac{f(x,y)}{[(x-x_0)^2+(y-y_0)^2+z_0^2]^{3/2}} \mathrm{d}x\mathrm{d}y \quad (51)$$

我们不来验证右边代表的是调和函数,并且当 (x_0,y_0,z_0) 趋向 $(x,y,0)$ 时它有极限值 $f(x,y)$. 在这种情形下,无穷远点位于区域的界面上,不难验证,所作出的解具有下述性质:若在无穷远点 $f(x,y)$ 连续,就是若当点 (x,y) 在平面 $z=0$ 上无限远移时 $f(x,y)$ 有有限的确定的极限 a,则当点 (x_0,y_0,z_0) 在半空间 $z>0$ 上无限远移时,$U(x_0,y_0,z_0)$ 具有相同的极限 a.

换句话说就是,若 $f(x,y)$ 在无穷远点连续,则所作出的解在无穷远点也有所需要的极限值.

完全类似的,当考虑关于半平面 $y>0$ 的狄利克雷问题的解时,格林函数有下列的形状

$$\lg\frac{1}{r} - \lg\frac{1}{r_1} = \lg\frac{1}{\sqrt{(x-x_0)^2+(y-y_0)^2}} - \lg\frac{1}{\sqrt{(x-x_0)^2+(y+y_0)^2}}$$

并且对于边值

$$U\big|_{y=0} = f(x) \quad (52)$$

公式 (47_1) 给出问题的解

$$U(x_0,y_0) = \frac{y_0}{\pi}\int_{-\infty}^{+\infty} \frac{f(x)}{(x-x_0)^2+y_0^2} \mathrm{d}x \quad (53)$$

在第四卷中我们再仔细考虑诺伊曼问题.

200. 质体的势量

在以 S 为界面的有界区域 D 上考虑非齐次拉普拉斯方程

$$\frac{\partial^2 U}{\partial x^2} + \frac{\partial^2 U}{\partial y^2} + \frac{\partial^2 U}{\partial z^2} = \varphi(x,y,z) \quad (54)$$

这个方程的一般解是它的任何一个解与在 D 上的调和函数之和. 设有方程 (54) 的一个解,我们对它应用公式 (9). 因为 $\frac{1}{r}$ 依任何固定方向的微商满足拉普拉斯方程,所以公式 (9) 中的曲面积分的被积函数在 D 上是调和函数,于是这个积分在 D 上也是调和函数. 如此,那个三重积分就应当满足方程 (54). 不过,根据 (54),在这个积分中 ΔU 可以换成 $\varphi(x,y,z)$,如此我们就得到方程 (54) 的一个特殊解,它的形状如下

$$U(x,y,z) = -\frac{1}{4\pi}\iiint_D \frac{\varphi(\xi,\eta,\zeta)}{r} \mathrm{d}v \quad (55)$$

$$(r=\sqrt{(\xi-x)^2+(\eta-y)^2+(\zeta-z)^2})$$

我们得到这个结果时,假定了方程(54)有解,并且对它应用了公式(9). 为要完全解决这个问题,我们需要在对函数 $\varphi(N)$ 有一定的假定下来讨论质体的势量(55). 我们设 $\mu(N)=-\dfrac{\varphi(N)}{4\pi}$,而来讨论质体的势量

$$V(M)=\iiint_D \frac{\mu(N)}{r}dv \tag{56}$$

或

$$V(x,y,z)=\iiint_D \frac{\mu(\xi,\eta,\zeta)}{r}dv \tag{56_1}$$

设在 D 上直到 S, $\mu(N)$ 是连续的. 我们已经讲过,若 M 位于 D 外,则积分(56)是个正常的积分,在这种情形下 $V(M)$ 有各级的偏微商. 这些微商可以用在积分号下求微商的方法得到,并且 $V(M)$ 满足拉普拉斯方程 $\Delta V=0$. 若 M 属于 D,则反常积分(56)存在,并且求被积函数的微商后所得到的积分也存在,例如,可以把被积函数对 x 求微商,但是不能证明这个积分就给出 V 对 x 的微商. 现在我们证明两个关于积分(56)的定理:

定理 1 若 $\mu(N)$ 在区域 D 上 S 直到连续,则 $V(M)$ 以及它的一级偏微商在整个空间连续,并且这些偏微商可以由在积分号下求微商的方法得到.

我们就对区域 D 来讲 M 在任何位置时来证明这个定理. 引用一个新函数以替代 $\dfrac{1}{r}$,只是当 $r<\varepsilon$ 时它与 $\dfrac{1}{r}$ 不同,其中 ε 是一个给定的正数,这里包括 $r=0$,这个新函数是连续的且有沿坐标轴的连续微商. 为此,当 $r<\varepsilon$ 时我们用下面这个多项式来替代 $\dfrac{1}{r}$:$\alpha+\beta r^2=\alpha+\beta[(\xi-x)^2+(\eta-y)^2+(\zeta-z)^2]$,选择 α 与 β 使得当 $r=\varepsilon$ 时

$$\alpha+\beta\varepsilon^2=\frac{1}{\varepsilon} \quad \text{而且} \quad 2\beta\varepsilon=-\frac{1}{\varepsilon^2}$$

这样在函数 $\dfrac{1}{r}$ 与 $\alpha+\beta r^2$ 的交接处,就是当 $r=\varepsilon$ 时,得到连续微商. 上面两个公式给出:$\alpha=\dfrac{3}{2\varepsilon}$;$\beta=-\dfrac{1}{2\varepsilon^3}$,于是我们作出一个函数 $g_\varepsilon(r)$,它由下面两个等式确定

$$\begin{aligned}&\text{当 } r\geqslant\varepsilon \text{ 时}, g_\varepsilon(r)=\frac{1}{r}\\&\text{当 } r<\varepsilon \text{ 时}, g_\varepsilon(r)=\frac{3}{2\varepsilon}-\frac{1}{2\varepsilon^3}r^2\end{aligned} \tag{57}$$

在积分(56)中代入这个函数以替代 $\dfrac{1}{r}$,就得到一个替代 $V(M)$ 的新函数

$$V_\varepsilon(M) = \iiint_D \mu(N) g_\varepsilon(r) \mathrm{d}v \tag{58}$$

这个函数在整个空间是连续的且有连续的偏微商，并且这些微商可以用在积分号下求微商的方法得到，因为当 $r \geqslant 0$ 时，公式(58)的积分的被积函数连续且有连续微商. 例如，我们可以写成

$$\frac{\partial V_\varepsilon(M)}{\partial x} = \iiint_D \mu(N) \frac{\partial}{\partial x} g_\varepsilon(r) \mathrm{d}v \tag{59}$$

作出差

$$V(M) - V_\varepsilon(M) = \iiint_D \mu(N) \left[\frac{1}{r} - g_\varepsilon(r)\right] \mathrm{d}v \tag{60}$$

由于当 $r \geqslant \varepsilon$ 时 $\frac{1}{r}$ 与 $g_\varepsilon(r)$ 全同，于是对于位于以 M 为心 ε 为半径的球 σ_ε 之外的所有的点，右边的差等于 0. 例如，若 M 位于 D 之外，而 ε 小于由 M 到 D 的距离，则式(60)右边的积分等于 0.

在另外的情形下，球 σ_ε 的一部分或全部落在 D 上. 用 m 记 $\mu(N)$ 在 D 上的最大值，并注意 $g_\varepsilon(r)$ 是正的函数，于是对于右边的被积函数我们得到估计值

$$\left|\mu(N)\left[\frac{1}{r} - g_\varepsilon(r)\right]\right| < m\left[\frac{1}{r} + g_\varepsilon(r)\right] \tag{61}$$

以上我们说过，在球外被积函数成为 0. 如果我们沿整个球 σ_ε 求式(61)右边的正的函数的积分，显然就得到下面的估计值

$$|V(M) - V_\varepsilon(M)| \leqslant m \int_0^\varepsilon \int_0^{2\pi} \int_0^\pi \left[\frac{1}{r} + g_\varepsilon(r)\right] r^2 \sin\theta \mathrm{d}\theta \mathrm{d}\varphi \mathrm{d}r$$

依照式(57)中第二个公式代入作 $g_\varepsilon(r)$，求出积分，就得到

$$|V(M) - V_\varepsilon(M)| < \frac{18\pi}{5} m\varepsilon^2$$

由此看出，当 $\varepsilon \to 0$ 时，对于点 M 的位置来讲，连续函数 $V_\varepsilon(M)$ 一致趋向 $V(M)$，所以 $V(M)$ 也是连续函数[Ⅰ,144]. 为要讨论函数 $V(M)$ 的偏微商，由公式(56)中的积分在积分号下对 x 求微商，把所得到的函数记作

$$W(M) = \iiint_D \mu(N) \frac{\partial}{\partial x}\left(\frac{1}{r}\right) \mathrm{d}v \tag{62}$$

像以上一样，作出差

$$W(M) - \frac{\partial V_\varepsilon(M)}{\partial x} = \iiint_D \mu(N) \left[\frac{\partial}{\partial x}\left(\frac{1}{r}\right) - \frac{\partial}{\partial x} g_\varepsilon(r)\right] \mathrm{d}v$$

注意，对于任意函数 $h(r)$ 我们有

$$\frac{\partial}{\partial x} h(r) = \frac{\mathrm{d}h(r)}{\mathrm{d}r} \cdot \frac{x-\xi}{r}$$

这里 $\left|\frac{x-\xi}{r}\right| \leqslant 1$，对于上面积分中的被积函数可以写出不等式

$$\left|\mu(N)\left[\frac{\partial}{\partial x}\left(\frac{1}{r}\right)-\frac{\partial}{\partial x}g_\varepsilon(r)\right]\right|\leqslant m\left[\frac{1}{r^2}+\left|\frac{\mathrm{d}g_\varepsilon(r)}{\mathrm{d}r}\right|\right]$$

于是,像以上完全一样

$$\left|W(M)-\frac{\partial V_\varepsilon(M)}{\partial x}\right|\leqslant m\int_0^\varepsilon\int_0^{2\pi}\int_0^\pi\left[\frac{1}{r^2}+\left|\frac{\mathrm{d}g_\varepsilon(r)}{\mathrm{d}r}\right|\right]r^2\sin\theta\mathrm{d}\theta\mathrm{d}\varphi\mathrm{d}r$$

注意,根据(57):

当 $r\leqslant\varepsilon$ 时

$$\left|\frac{\mathrm{d}g_\varepsilon(r)}{\mathrm{d}r}\right|=\frac{r}{\varepsilon^3}$$

求出积分,就得到

$$\left|W(M)-\frac{\partial V_\varepsilon(M)}{\partial x}\right|\leqslant 5\pi m\varepsilon$$

由此推知,当 $\varepsilon\to 0$ 时,对 M 来讲,微商 $\frac{\partial V_\varepsilon(M)}{\partial x}$ 一致趋向 $W(M)$. 以上已经证明了 $V_\varepsilon(M)$ 一致趋向 $V(M)$. 注意[Ⅰ,144]中的定理,我们就知道,$W(M)$ 是 $V(M)$ 对 x 的偏微商,就是说,根据式(62)有

$$\frac{\partial}{\partial x}\iiint_D\mu(N)\frac{1}{r}\mathrm{d}v=\iiint_D\mu(N)\frac{\partial}{\partial x}\left(\frac{1}{r}\right)\mathrm{d}v$$

由偏微商(59)的连续性以及它们一致趋向 $W(M)$,推出 $W(M)$ 是连续的,于是这个定理完全证完. 对 y 与 z 的微商可以同样讨论. 注意,证明这个定理时,我们只利用了 $\mu(N)$ 的可积性以及有界性.

201. 泊松方程

为要作出函数 $V(M)$ 的二级微商我们应当加强对于 $\mu(N)$ 的假定.

定理 2 若在 D 内 $\mu(N)$ 连续而有连续的一级微商,则 $V(M)$ 在 D 内有连续的二级微商,且在 D 内满足方程

$$\Delta V(M)=-4\pi\mu(M) \tag{63}$$

在 D 内我们固定任何一个点 $M_0(x_0,y_0,z_0)$. 设 σ_ε 是以 M_0 为心 ε 为半径的一个位于 D 内的球,而 D_1 是位于 σ_ε 以外的一部分 D. 把势量(56)分为两项

$$V(M)=\iiint_{D_1}\mu(N)\frac{1}{r}\mathrm{d}v+\iiint_{\sigma_\varepsilon}\mu(N)\frac{1}{r}\mathrm{d}v=$$
$$V_1(M)+V_0(M) \tag{64}$$

于是,根据定理1得

$$\frac{\partial V(M)}{\partial x}=\iiint_{D_1}\mu(N)\frac{\partial}{\partial x}\left(\frac{1}{r}\right)\mathrm{d}v+\iiint_{\sigma_\varepsilon}\mu(N)\frac{\partial}{\partial x}\left(\frac{1}{r}\right)\mathrm{d}v=$$
$$\frac{\partial V_1(M)}{\partial x}+\frac{\partial V_0(M)}{\partial x} \tag{65}$$

我们有
$$\frac{\partial}{\partial x}\left(\frac{1}{r}\right) = -\frac{\partial}{\partial \xi}\left(\frac{1}{r}\right), r = \sqrt{(\xi-x)^2 + (\eta-y)^2 + (\zeta-z)^2}$$
于是可以写成
$$\mu(N)\frac{\partial}{\partial x}\left(\frac{1}{r}\right) = -\frac{\partial}{\partial \xi}\left[\mu(N)\frac{1}{r}\right] + \frac{\partial \mu(N)}{\partial \xi} \cdot \frac{1}{r}$$

把这个表达式代入到沿 σ_ε 的积分的被积函数中，应用奥斯特罗格拉德斯基公式，就得到
$$\frac{\partial V(M)}{\partial x} = \iiint_{D_1} \mu(N) \frac{\partial}{\partial x}\left(\frac{1}{r}\right) \mathrm{d}v + \iiint_{\sigma_\varepsilon} \frac{\partial \mu(N)}{\partial \xi} \cdot \frac{1}{r} \mathrm{d}v - \iint_{S_\varepsilon} \mu(N) \cos(n,x) \frac{1}{r} \mathrm{d}S \tag{66}$$

其中 S_ε 是球 σ_ε 的球面，n 是在 N 点 S_ε 的向外的法线的方向. 对于位于 σ_ε 内的点 M 来讲，右边第一项是个正常积分，并且在 σ_ε 内它有各级的微商. 第三项是沿球面 S_ε 的曲面积分，对于它也有相同的肯定. 第二项是沿 σ_ε 的具有连续密度 $\frac{\partial \mu(N)}{\partial \xi}$ 的容积积分，根据定理1，在整个空间它有连续的一级微商. 如此可以肯定，在 σ_ε 内 $\frac{\partial V(M)}{\partial x}$ 有连续的 级微商. 注意，在 D 内选择点 M 的任意性，可以肯定，在 D 内到处 $\frac{\partial V(M)}{\partial x}$ 有连续的一级微商. 应用相同的理由来讨论 $\frac{\partial V(M)}{\partial y}$ 与 $\frac{\partial V(M)}{\partial z}$，可以肯定，在 D 内 $V(M)$ 有连续的二级微商. 剩下要证明对于 D 内任何的点 M_0 公式(63)成立.

回到公式(64)与(66). 我们知道，沿区域 D_1 的质体的势量 $V_1(M)$ 在 σ_ε 内是调和函数，因为 σ_ε 位于 D_1 之外，就是说在 σ_ε 内 $\Delta V_1(M) = 0$，于是在 σ_ε 内 $\Delta V(M) = \Delta V_0(M)$. 如此，为要作出 $\Delta V(M)$，只需取(66)中沿 σ_ε 与 S_ε 的积分那两项，在积分号下对 x 求微商(利用定理1)，并作出对 y 与 z 的类似的二级微商的表达式，再把这三个微商相加. 这时需要注意，在积分号下只是因子 $\frac{1}{r}$ 依赖于 (x,y,z). 如此在 σ_ε 内作出 $\Delta V(M)$，我们取出它在球 σ_ε 的心 M_0 的值. 用 $\Delta V(M_0)$ 记这个值，用 r_0 记由 M_0 到积分变点的距离，就得到
$$\Delta V(M_0) = \iiint_{\sigma_\varepsilon} \left[\frac{\partial \mu(N)}{\partial \xi}\frac{\xi-x_0}{r_0^3} + \frac{\partial \mu(N)}{\partial \eta}\frac{\eta-y_0}{r_0^3} + \frac{\partial \mu(N)}{\partial \zeta}\frac{\zeta-z_0}{r_0^3}\right] \mathrm{d}v -$$
$$\iint_{S_\varepsilon} \mu(N)\left[\frac{\xi-x_0}{r_0^3}\cos(n,x) + \frac{\eta-y_0}{r_0^3}\cos(n,y) + \frac{\zeta-z_0}{r_0^3}\cos(n,z)\right] \mathrm{d}S \tag{67}$$

对于所选择的任何半径 ε，只要球 σ 位于 D 内，这个公式总是正确的，于是显然

$\Delta V(M_0)$ 的大小不依赖于所选择的 ε. 让 ε 趋向 0. 我们来证明,这时三重积分趋向零. 只需考虑第一项的积分. 设在某一个固定的充分小的球 σ_{ε_0} 上,连续函数 $\frac{\partial \mu(N)}{\partial \xi}$ 的最大值是 m. 当 $\varepsilon < \varepsilon_0$ 时,注意 $\left|\frac{\xi - x_0}{r_0}\right| \leqslant 1$, 就有

$$\left|\iiint_{\sigma_\varepsilon} \frac{\partial \mu(N)}{\partial \xi} \cdot \frac{\xi - x_0}{r_0^3} dv\right| \leqslant m \iiint_{\sigma_\varepsilon} \frac{dv}{r_0^2}$$

引用以 M_0 为原点的球面坐标,并替换 $dv = r_0^2 \sin\theta d\theta d\varphi dr$, 就可以求得右边的表达式等于 $m \cdot 4\pi\varepsilon$, 由此推知,当 $\varepsilon \to 0$ 时,这个三重积分趋向 0.

现在再看公式(67)中的曲面积分. 注意,向外的法线 n 的方向是沿球半径的方向

$$\frac{\xi - x_0}{r_0^3}\cos(n,x) + \frac{\eta - y_0}{r_0^3}\cos(n,y) + \frac{\zeta - z_0}{r_0^3}\cos(n,z) =$$

$$\frac{1}{r_0^2}[\cos^2(n,x) + \cos^2(n,y) + \cos^2(n,z)] = \frac{1}{r_0^2}$$

于是这个曲面积分可以写成下面的形状

$$\frac{1}{\varepsilon^2}\iint_{S_\varepsilon} \mu(N) dS$$

或者,应用中值定理

$$\frac{1}{\varepsilon^2}\iint_{S_\varepsilon} \mu(N) dS = 4\pi\mu(N_\varepsilon)$$

其中 N_ε 是 S_ε 上某一个点. 当 $\varepsilon \to 0$ 时, 点 N_ε 趋向点 M_0, $\mu(N_\varepsilon) \to \mu(M_0)$, 公式(67)中曲面积分的极限给出 $4\pi\mu(M_0)$, 这就导出了公式(63). 这个公式通常叫作泊松公式或泊松方程.

由所证的定理直接推知,若在区域 D 上直到界面 $S\varphi(x,y,z)$ 连续,而且在 D 内它有连续的一级偏微商,则公式(55)给出方程(54)的解. 注意,若 $\varphi(N)$ 确定于整个空间上,并且当点 N 无限远移时它下降的足够快,则可以取整个空间作为 D.

对于沿平面区域的积分,可以证明完全类似的定理

$$V(M) = \iint_B \mu(N) \lg \frac{1}{r} d\sigma$$

或

$$V(x,y) = \iint_B \mu(\xi,\eta) \lg \frac{1}{r} d\sigma$$

$$(r = \sqrt{(\xi-x)^2 + (\eta-y)^2})$$

若 $\mu(N)$ 在区域 B 上直到界线连续,则 $V(M)$ 在整个平面上连续且有连续的一级偏微商,并且这些微商可能由在积分号下求微商的方法得到. 此外,若在 B 内 $\mu(N)$ 有连续的一级偏微商,则在 B 内 $V(M)$ 有连续的二级偏微商,并且在 B 内

每一点满足泊松方程
$$\Delta V(M) = -2\pi\mu(N)$$
与积分(55)一起,我们作一个积分
$$U_1(M) = -\frac{1}{4\pi}\iiint_D \varphi(N) G(M;N) \mathrm{d}v \tag{55_1}$$

其中$G(M;N)$是在D内的具有极点N的格林函数.在积分(55_1)中要对点N求积分.注意公式(49),可以写成
$$U_1(M) = -\frac{1}{4\pi}\iiint_D \frac{\varphi(N)}{r}\mathrm{d}v + \frac{1}{4\pi}\iiint_D \varphi(N) G_1(M;N) \mathrm{d}v$$

其中$G_1(M;N)$在D内到处是点M的调和函数,而且在S上有极限值$\frac{1}{\rho}$,其中ρ是S上的变点到点N的距离.右边第二个积分的积分号下的M是个参变数,所以这个积分是点M的函数,又由于在D内到处$G_1(M;N)$是调和函数,于是在D内右边第二个积分是M的调和函数.已经证明过右边第一项经过拉普拉斯算子的作用后等于$\varphi(M)$,如此,由公式(55_1)确定的函数$U_1(M)$满足方程(54).再注意,如果M出现在曲面S上,则$G(M;N)=0$;以(55_1)为基础,我们看到,$U_1(M)$在S上满足边值条件
$$U_1(M)\mid_S = 0$$

总之,公式(55_1)确定出方程(54)的解,它满足上面这个边值条件.解(55_1)的极限值可以由当点(x,y,z)出现在S上时右边的积分之值求得,它依赖于$\varphi(x,y,z)$.注意,以上所讲的关于函数(55_1)的讨论不是完全严格的.需要补充讨论$G(M;N)$对点N的依赖性,证明在积分号下求微商的可能性,以及当M趋向曲面S上的点时,在积分号下取极限的可能性.

202. 基西略夫公式

对于在曲面S内的调和函数,公式(13)给出函数的值,表示成沿曲面S的积分的形状.对于满足波动方程
$$\frac{\partial^2 V}{\partial t^2} = a^2 \Delta V \tag{68}$$
的函数$V(x,y,z,t) = V(M;t)$,可以得到类似的公式.设在以曲面S为界的区域D上当$t > 0$时,函数$V(M;t)$以及它的直到二级的微商都是连续的.设M_0是D内某一个固定的点.用r记由M_0到变点M的距离:$r = M_0 M$.应用一般公式(9)于函数
$$U(x,y,z,t) = V\left(x,y,z,t-\frac{r}{a}\right) \tag{69}$$
或简写成

$$U(M;t) = V\left(M; t - \frac{r}{a}\right) \tag{70}$$

若 $\omega(t)$ 是 t 的某一个函数,则把在 $\omega(t)$ 中用 $t - \frac{r}{a}$ 替代 t 所得到的函数记作 $[\omega]$,即 $[\omega] = \omega\left(t - \frac{r}{a}\right)$.

通常 $[\omega]$ 叫作函数 $\omega(t)$ 的推后值. 如果把 a 算作是某一个过程的传播速度,这个意义就很清楚了.

用这样的记法时,我们可以把公式(69)与(70)写成: $U = [V]$. 函数(69)依坐标求微商时,需要注意 $[V]$ 不只直接依赖于坐标,而且通过中间变量 r,它出现在第四个变量中,如此我们就有

$$\frac{\partial U}{\partial n} = \left[\frac{\partial V}{\partial n}\right] - \frac{1}{a}\left[\frac{\partial V}{\partial t}\right]\frac{\partial r}{\partial n} \tag{71}$$

同样,利用以 M_0 为心的极坐标系中拉普拉斯算子的表达式[119]

$$\Delta U = \frac{\partial^2 U}{\partial r^2} + \frac{2}{r}\frac{\partial U}{\partial r} + \frac{1}{r^2 \sin\theta}\frac{\partial}{\partial \theta}\left(\sin\theta \frac{\partial U}{\partial \theta}\right) + \frac{1}{r^2 \sin^2\theta}\frac{\partial^2 U}{\partial \varphi^2}$$

并注意

$$\frac{\partial U}{\partial \theta} = \left[\frac{\partial V}{\partial \theta}\right]; \frac{\partial^2 U}{\partial \theta^2} = \left[\frac{\partial^2 V}{\partial \theta^2}\right]; \frac{\partial^2 U}{\partial \varphi^2} = \left[\frac{\partial^2 V}{\partial \varphi^2}\right]$$

$$\frac{\partial U}{\partial r} = \left[\frac{\partial V}{\partial r}\right] - \frac{1}{a}\left[\frac{\partial V}{\partial t}\right]; \frac{\partial^2 U}{\partial r^2} = \left[\frac{\partial^2 V}{\partial r^2}\right] - \frac{2}{a}\left[\frac{\partial^2 V}{\partial t \partial r}\right] + \frac{1}{a^2}\left[\frac{\partial^2 V}{\partial t^2}\right]$$

就得到

$$\Delta U = [\Delta V] - \frac{2}{a}\left[\frac{\partial^2 V}{\partial t \partial r}\right] + \frac{1}{a^2}\left[\frac{\partial^2 V}{\partial t^2}\right] - \frac{2}{ar}\left[\frac{\partial V}{\partial t}\right]$$

不过,根据方程(68),我们有 $[\Delta V] = \frac{1}{a^2}\left[\frac{\partial^2 V}{\partial t^2}\right]$,于是

$$\Delta U = \frac{2}{a}\left\{\frac{1}{a}\left[\frac{\partial^2 V}{\partial t^2}\right] - \left[\frac{\partial^2 V}{\partial t \partial r}\right] - \frac{1}{r}\left[\frac{\partial V}{\partial t}\right]\right\}$$

不难证明

$$-\frac{\Delta U}{r} = -\frac{2}{a}\left\{\frac{1}{ar}\left[\frac{\partial^2 V}{\partial t^2}\right] - \frac{1}{r}\left[\frac{\partial^2 V}{\partial t \partial r}\right] - \frac{1}{r^2}\left[\frac{\partial V}{\partial t}\right]\right\} \tag{72}$$

是某一个向量的发散量

$$-\frac{\Delta U}{r} = \operatorname{div}\left\{\frac{2}{a}\left[\frac{\partial V}{\partial t}\right]\operatorname{grad}(\lg r)\right\} \tag{73}$$

实际上,我们有公式[112]

$$\operatorname{div}(f\mathbf{A}) = f \operatorname{div} \mathbf{A} + \operatorname{grad} f \cdot \mathbf{A}$$

在这种情形下 $f = \frac{2}{a}\left[\frac{\partial V}{\partial t}\right]$,而 $\mathbf{A} = \operatorname{grad}(\lg r)$ 是一个向量,长度为 $\frac{1}{r}$,沿由

M_0 所作的向量半径的方向. 数量积 grad $f \cdot A$ 是 $|A|$ 与 grad f 在 A 的方向上的投影之乘积,就是 $|A|$ 与 f 沿向量 A 的方向的微商之乘积. 于是在这情形下就有

$$\operatorname{div}\left\{\frac{2}{a}\left[\frac{\partial V}{\partial t}\right]\operatorname{grad}\lg r\right\}=\frac{2}{a}\left[\frac{\partial V}{\partial t}\right]\Delta\lg r+\frac{2}{ar}\frac{\partial}{\partial r}\left[\frac{\partial V}{\partial t}\right]$$

应用式(72)并依照求复合函数微商的法则求 $\left[\dfrac{\partial V}{\partial t}\right]$ 的微商,就可以证明公式(73)的正确性. 再应用奥斯特洛格拉得斯基公式并注意 $\operatorname{grad}_n(\lg r)=\dfrac{1}{r}\dfrac{\mathrm{d}r}{\mathrm{d}n}$, 就得到

$$-\iiint_{(D)}\frac{\Delta U}{r}\mathrm{d}v=\frac{2}{a}\iint_{(S)}\left[\frac{\partial V}{\partial t}\right]\frac{1}{r}\frac{\partial r}{\partial n}\mathrm{d}S$$

把这个表达式以及表达式(71)代入到公式(9)的右边,并注意 $U(M_0,t)=V(M_0,t)$, 因为在点 M_0 我们有 $r=0$, 就得到基西略夫公式

$$V(M_0,t)=\frac{1}{4\pi}\iint_{(S)}\left\{\frac{1}{r}\left[\frac{\partial V}{\partial n}\right]+\frac{1}{ar}\left[\frac{\partial V}{\partial t}\right]\frac{\partial r}{\partial n}-[V]\frac{\partial\frac{1}{r}}{\partial n}\right\}\mathrm{d}S \qquad (74)$$

这个公式通过 $V,\dfrac{\partial V}{\partial t}$ 与 $\dfrac{\partial V}{\partial n}$ 在曲面 S 上的推后值表达出 $V(M_0,t)$. 在这种情形下,像在关于调和函数的公式(9)中一样,由于有 $\dfrac{\partial V}{\partial n}$ 出现,使得应用公式(74)不能直接给出速紧于波动方程的问题的解. 基希霍夫所给的公式(74)紧密的连紧着惠更斯原理.

设 S 是以 M_0 为心 r 为半径的球面. 在这种情形下, $\dfrac{\partial}{\partial n}=\dfrac{\partial}{\partial r}$, 于是公式(74)可以写成下面的形状

$$V(M_0,t)=\frac{1}{4\pi r^2}\iint_{(S)}\left\{r\left[\frac{\partial V}{\partial r}\right]+\frac{r}{a}\left[\frac{\partial V}{\partial t}\right]+[V]\right\}\mathrm{d}S$$

或者令 $\mathrm{d}S=r^2\sin\theta\mathrm{d}\theta\mathrm{d}\varphi=r^2\mathrm{d}\omega$

$$V(M_0;t)=\frac{1}{4\pi}\iint_{(S)}\left[\frac{\partial(rV)}{\partial r}\right]\mathrm{d}\omega+\frac{r}{4\pi a}\iint_{(S)}\left[\frac{\partial V}{\partial t}\right]\mathrm{d}\omega \qquad (75)$$

若球的半径 $r=at$, 则 $t-\dfrac{r}{a}=0$, 就是说,当 $t=0$ 时,推后值化为函数值,于是公式(75)给出[181]中的泊松公式(81),它是在无界空间中关于振动传播问题的解,而是给定的初始条件

$$V(M_0,t)=\frac{t}{4\pi}\iint_{S_{at}}\left(\frac{\partial V}{\partial t}\right)_0\mathrm{d}\omega+\frac{1}{4\pi}\frac{\mathrm{d}}{\mathrm{d}t}\left\{t\iint_{S_{at}}(V)_0\mathrm{d}\omega\right\} \qquad (76)$$

这里下标 0 表示要在 $t=0$ 时取 $\dfrac{\partial V}{\partial t}$ 与 V, 再沿以 M_0 为心 at 为半径的球面求积

分.基希霍夫公式的形状紧密的连紧着推后电势的概念.以上我们看到,对于任何选定的具有直到二级微商的函数 $\omega(t)$,函数

$$\frac{1}{r}\omega\left(t-\frac{r}{a}\right)=\frac{[\omega]}{r} \tag{77}$$

是方程(68)的解.这里 r 是由空间任何一个固定的点到变点的距离[175].

与以上完全类似,对于非齐次波动方程

$$\frac{\partial^2 V}{\partial t^2}=a^2\Delta V+f(x,y,z,t) \tag{78}$$

的任何解,在区域 D 上可以作出基希霍夫公式,这个公式,除曲面积分外,还含有一个三重积分

$$V(M_0;t)=\frac{1}{4\pi}\iint_S\left\{\frac{1}{r}\left[\frac{\partial V}{\partial n}\right]+\frac{1}{ar}\left[\frac{\partial V}{\partial t}\right]\frac{\partial r}{\partial n}-[V]\frac{\partial \frac{1}{r}}{\partial n}\right\}dS+$$

$$\frac{1}{4\pi a^2}\iiint_D\frac{[f]}{r}dv$$

应用这个公式于以 M_0 为心 at 为半径的球,对于当 $t=0$ 时满足零初始值的解,我们得到[174]中的公式(91).

§5 热传导方程

203. 基本方程

我们讲过,在均匀介质中热传导方程具有下面的形状

$$\frac{\partial U}{\partial t}=a^2\left(\frac{\partial^2 U}{\partial x^2}+\frac{\partial^2 U}{\partial y^2}+\frac{\partial^2 U}{\partial z^2}\right) \tag{1}$$

其中

$$a=\sqrt{\frac{k}{\gamma\rho}} \tag{2}$$

k 是热的内传导系数,γ 是物质的热容量,ρ 是密度.除方程(1)外还需要注意到初始条件,它给出 $t=0$ 时温度的初始分布

$$u\mid_{t=0}=f(x,y,z) \tag{3}$$

若物体以曲面 S 为界,则在这曲面上我们就有边值条件,按照物理的情况,边值条件可以是不同的.例如,曲面 S 可以具有确定的温度,它可以随时间改变.在这种情形下,边值条件就是曲面 S 上的一个已知函数 U,这个已知函数可以依赖于时间 t.若曲面的温度不是固定的,而在周围的介质中放射有已知的温度 U_0,则依照牛顿定律,实际上这是很不准确的,通过曲面 S 的热量正比于周

围空间的温度与物体界面 S 的温度之差. 这就给出下面形状的边值条件

$$\frac{\partial U}{\partial n} + h(U - U_0) = 0 \quad (在 S 上) \tag{4}$$

其中的比例系数 h 叫作热的外传导系数.

在一维物体中,就是说在均匀的枢轴中,我们算作它是沿着 X 轴安置的,关于热的分布情形有下面的方程以替代方程(1)

$$\frac{\partial U}{\partial t} = a^2 \frac{\partial^2 U}{\partial x^2} \tag{5}$$

对于这样形式的方程,自然不考虑枢轴的界面与周围空间之间的热的交流.

假定 U 不依赖于 y 与 z,由方程(1)也可以得到方程(5). 在枢轴的情形初始条件就是

$$U|_{t=0} = f(x) \tag{6}$$

如果枢轴是有界的,则在两端有边值条件,像上面一样,端点可以具有确定的温度. 在放射的情形,边值条件(4)就有下面的形状

$$\frac{\partial U}{\partial x} \mp h(U - U_0) = 0 \quad (在端点) \tag{7}$$

其中,对于左端,就是横坐标 x 最小的一端,用"$-$"号,对于右端用"$+$"号,h 是一个正的常数.

204. 无界的枢轴

我们先讲无界的枢轴,对于它,除方程(5)外,只需要满足初始条件(6). 依照傅里叶法,我们首先求下面形状的特殊解

$$T(t)X(x)$$

这就给出

$$T'(t)X(x) = a^2 T(t) X''(x)$$

或

$$\frac{T'(t)}{a^2 T(t)} = \frac{X''(x)}{X(x)} = -\lambda^2$$

其中 λ^2 是常数. 如此我们得到

$$T'(t) + \lambda^2 a^2 T(t) = 0; \quad X''(x) + \lambda^2 X(x) = 0 \tag{8}$$

由此,弃去 $T(t)$ 的表达式中的常数因子

$$T(t) = e^{-\lambda^2 a^2 t}, \quad X(x) = A\cos \lambda x + B\sin \lambda x$$

这里常数 A 与 B 可能依赖于 λ.

由于这里没有任何的边值条件,所以参变量 λ 保持完全任意的,于是把函数 $u(x,t)$ 作成下面形状的和时

$$\sum_{(\lambda)} e^{-\lambda^2 a^2 t}[A(\lambda)\cos \lambda x + B(\lambda)\sin \lambda x]$$

λ 的所有的值具有同等的意义. 于是替代依 λ 的各别值的和我们取由 $-\infty$ 到 $+\infty$ 依参变量 λ 的积分, 就是说, 设

$$u(x,t) = \int_{-\infty}^{+\infty} e^{-\lambda^2 a^2 t}[A(\lambda)\cos \lambda x + B(\lambda)\sin \lambda x]d\lambda \tag{9}$$

应用在定积分号下求微商的公式, 不难验证, 实际上这个函数给出方程(5)的解. 现在我们来看初始条件(6), 它给出

$$u|_{t=0} = f(x) = \int_{-\infty}^{+\infty}[A(\lambda)\cos \lambda x + B(\lambda)\sin \lambda x]d\lambda \tag{10}$$

把右边的积分与关于 $f(x)$ 的傅里叶公式

$$f(x) = \frac{1}{2\pi}\int_{-\infty}^{+\infty}d\lambda\int_{-\infty}^{+\infty}f(\xi)\cos \lambda(\xi - x)d\xi =$$

$$\frac{1}{2\pi}\int_{-\infty}^{+\infty}\left[\cos \lambda x \int_{-\infty}^{+\infty}f(\xi)\cos \lambda \xi d\xi + \sin \lambda x \int_{-\infty}^{+\infty}f(\xi)\sin \lambda \xi d\xi\right]d\lambda$$

相比较, 我们就看出

$$A(\lambda) = \frac{1}{2\pi}\int_{-\infty}^{+\infty}f(\xi)\cos \lambda \xi d\xi, B(\lambda) = \frac{1}{2\pi}\int_{-\infty}^{+\infty}f(\xi)\sin \lambda \xi d\xi$$

把得到的关于 $A(\lambda)$ 与 $B(\lambda)$ 的表达式代入到公式(9)中, 就得到

$$u(x,t) = \frac{1}{2\pi}\int_{-\infty}^{+\infty}f(\xi)d\xi\int_{-\infty}^{+\infty}e^{-\lambda^2 a^2 t}[\cos \lambda \xi \cos \lambda x + \sin \lambda \xi \sin \lambda x]d\lambda =$$

$$\frac{1}{2\pi}\int_{-\infty}^{+\infty}f(\xi)d\xi\int_{-\infty}^{+\infty}e^{-\lambda^2 a^2 t}\cos \lambda(\xi - x)d\lambda =$$

$$\frac{1}{\pi}\int_{-\infty}^{+\infty}f(\xi)d\xi\int_{0}^{+\infty}e^{-\lambda^2 a^2 t}\cos \lambda(\xi - x)d\lambda \tag{11}$$

其中我们利用了被积函数是 λ 的偶函数这个事实.

公式(11)给出问题的解, 不过还可以简化. 为此只需注意到[81]

$$\int_{0}^{+\infty} e^{-a^2 \lambda^2}\cos \beta\lambda d\lambda = \frac{\sqrt{\pi}}{2\alpha}e^{-\frac{\beta^2}{4a^2}}$$

于是

$$\frac{1}{\pi}\int_{0}^{+\infty}e^{-\lambda^2 a^2 t}\cos \lambda(\xi - x)d\lambda = \frac{1}{2a\sqrt{\pi t}}e^{-\frac{(\xi-x)^2}{4a^2 t}}$$

如此, 公式(11)就取下面的形状

$$u(x,t) = \int_{-\infty}^{+\infty} f(\xi)\frac{1}{2a\sqrt{\pi t}}e^{-\frac{(\xi-x)^2}{4a^2 t}}d\xi \tag{12}$$

表示成这样形式的解具有很重要的物理意义. 首先我们提出, 把

$$\frac{1}{2a\sqrt{\pi t}}e^{-\frac{(\xi-x)^2}{4a^2 t}} \tag{13}$$

考虑作 (x,t) 的函数时,也是方程(5)的解,这可以由得出它的方法看出来,也可以用直接求微商来验证.这个解有什么物理意义呢?

取枢轴在点 x_0 附近的一个小单元 $(x_0-\delta, x_0+\delta)$,设在区间 $(x_0-\delta, x_0+\delta)$ 之外函数 $f(x)=0$,而在其内有常数值 U_0.物理上可以这样提出这个事实,在初始时刻这个单元吸收了热量 $\theta=2\delta c\rho U_0$,使得在这一段上温度增高 U_0.此后,枢轴上的温度的分布就由公式(12)给出,在这种情形下,公式(12)取下面的形状

$$\int_{x_0-\delta}^{x_0+\delta} U_0 \frac{1}{2a\sqrt{\pi t}} e^{\frac{(\xi-x)^2}{4a^2 t}} d\xi = \frac{Q}{2c\rho a\sqrt{\pi t}} \frac{1}{2\delta} \int_{x_0-\delta}^{x_0+\delta} e^{-\frac{(\xi-x)^2}{4a^2 t}} d\xi$$

如果我们让 δ 逼近 0,就是说,我们算作,分布在整个一小段上的热量 Q 在极限情形只作用在点 x_0,则在点 $x=x_0$ 有瞬间热源,强度为 Q.由于这样的热源,在枢轴上所得到的温度的分布就依照下面这公式

$$\lim_{\delta \to 0} \frac{Q}{2c\rho a\sqrt{\pi t}} \frac{1}{2\delta} \int_{x_0-\delta}^{x_0+\delta} e^{-\frac{(\xi-x)^2}{4a^2 t}} d\xi$$

由于依照中值定理

$$\frac{1}{2\delta} \int_{x_0-\delta}^{x_0+\delta} e^{-\frac{(\xi-x)^2}{4a^2 t}} d\xi = e^{-\frac{(\xi_0-x)^2}{4a^2 t}}, \text{其中 } x_0-\delta < \xi_0 < x_0+\delta$$

所以当 $\delta \to 0$ 时 $\xi_0 \to x_0$,上面的表达式就成为

$$\frac{Q}{c\rho} \frac{1}{2a\sqrt{\pi t}} e^{-\frac{(x_0-x)^2}{4a^2 t}}$$

因而,函数(13)给出温度的分布,它是枢轴在初始时刻 $t=0$ 在点 $x=\xi$(x_0 换成 ξ)受到强度为 $Q=c\rho$ 的瞬间热源的作用而产生的.现在再看解(12)的物理意义就很明显了.为要在初始时刻使枢轴在断面 ξ 具有温度 $f(\xi)$,在这点附近的一个小单元 $d\xi$ 上应当分配有热量

$$dQ = c\rho f(\xi) d\xi$$

或者,在点 $x=\xi$ 有强度为 dQ 的瞬间热源;依照公式(13)这个热源所产生的温度的分布就是

$$f(\xi) d\xi \frac{1}{2a\sqrt{\pi t}} e^{-\frac{(\xi-x)^2}{4a^2 t}}$$

在枢轴的所有的点初始温度 $f(\xi)$ 的总的作用是由这些各别单元的作用合成的,这就给出上面得到的解(12)

$$u(x,t) = \int_{-\infty}^{+\infty} f(\xi) \frac{1}{2a\sqrt{\pi t}} e^{-\frac{(\xi-x)^2}{4a^2 t}} d\xi$$

设在初始时刻 $t=0$,温度 $f(x)$ 除某一个区间 (α_1, α_2) 外到处都等于 0,而在这区间上它是正的.在这情形下解(12)就是

$$u(x,t)=\int_{a_1}^{a_2}f(\xi)\frac{1}{2a\sqrt{\pi t}}\mathrm{e}^{-\frac{(\xi-x)^2}{4a^2 t}}\mathrm{d}\xi \tag{14}$$

如果取 t 非常逼近于 0 而 x 随意多大，就是说，如果在开始后非常近的时刻取枢轴上随意多远的点，对于 $u(x,t)$ 由公式(14) 得到正值，因为被积函数是正的. 如此，由公式(12) 推出这样的情况，即热并非以任何有限的速度分布，而是瞬间的. 这是热传导方程与我们考虑弦的振动时的波动方程的本质上的不同.

对于无界三维介质中热的分布情形，我们有微分方程(1) 以及初始条件(3)，于是替代公式(12)，解就是

$$u(x,y,z,t)=$$
$$\int_{-\infty}^{+\infty}\int_{-\infty}^{+\infty}\int_{-\infty}^{+\infty}f(\xi,\eta,\zeta)\frac{1}{(2a\sqrt{\pi t})^3}\mathrm{e}^{-\frac{(\xi-x)^2+(\eta-y)^2+(\zeta-z)^2}{4a^2 t}}\mathrm{d}\xi\mathrm{d}\eta\mathrm{d}\zeta \tag{15}$$

现在我们来验证公式(12) 所确定的函数满足方程(5) 以及初始条件(6). 第一个肯定可以由下述事实直接推出，就是函数(13) 满足方程(5) 以及公式(12) 中的积分在积分号下对 t 与 x 求微商的可能性，例如，若 $f(x)$ 沿区间 $(-\infty,+\infty)$ 连续而且绝对可积就成. 为要验证初始条件(6)，我们依照下式引用新变量 α 以替代 ξ

$$\alpha=\frac{\xi-x}{2a\sqrt{t}}$$

这里我们自然算作 $t>0$. 如此，可以把公式(12) 改写成下面的形状

$$u(x,t)=\frac{1}{\sqrt{\pi}}\int_{-\infty}^{+\infty}f(x+\alpha 2a\sqrt{t})\mathrm{e}^{-\alpha^2}\mathrm{d}\alpha \tag{16}$$

再回忆公式[78]

$$1=\frac{1}{\sqrt{\pi}}\int_{-\infty}^{+\infty}\mathrm{e}^{-\alpha^2}\mathrm{d}\alpha \tag{17}$$

把它乘以 $f(x)$ 再由式(16) 中减掉

$$u(x,t)-f(x)=\frac{1}{\sqrt{\pi}}\int_{-\infty}^{+\infty}[f(x+\alpha 2a\sqrt{t})-f(x)]\mathrm{e}^{-\alpha^2}\mathrm{d}\alpha$$

由此

$$|u(x,t)-f(x)|\leqslant\frac{1}{\sqrt{\pi}}\int_{-\infty}^{+\infty}|f(x+\alpha 2a\sqrt{t})-f(x)|\mathrm{e}^{-\alpha^2}\mathrm{d}\alpha \tag{18}$$

除去连续性与绝对可积性外，我们还算作 $f(x)$ 是有界的，就是说 $|f(x)|\leqslant c$，如此，对于任何的 x,t 以及 α 我们有：$|f(x+\alpha 2a\sqrt{t})-f(x)|\leqslant 2c$. 设 ε 是给定的正数. 可以固定一个这样的大正数 N，使得

$$\frac{2c}{\sqrt{\pi}}\int_{-\infty}^{-N}\mathrm{e}^{-\alpha^2}\mathrm{d}\alpha\leqslant\frac{\varepsilon}{3}\text{ 且 }\frac{2c}{\sqrt{\pi}}\int_{N}^{+\infty}\mathrm{e}^{-\alpha^2}\mathrm{d}\alpha\leqslant\frac{\varepsilon}{3}$$

这时，由式(18) 就推出

$$|u(x,t)-f(x)|\leqslant \frac{2}{3}\varepsilon+\frac{1}{\sqrt{\pi}}\int_{-N}^{N}|f(x+\alpha 2a\sqrt{t})-f(x)|e^{-\alpha^2}d\alpha$$

由于 $f(x)$ 的连续性,可以肯定,对于所有的与 0 足够近的 t,当 $|\alpha|\leqslant N$ 时,我们有

$$|f(x+\alpha 2a\sqrt{t})-f(x)|\leqslant \frac{1}{3}\varepsilon$$

于是上一个不等式给出

$$|u(x,t)-f(x)|\leqslant \frac{2}{3}\varepsilon+\frac{\varepsilon}{3}\cdot\frac{1}{\sqrt{\pi}}\int_{-N}^{N}e^{-\alpha^2}d\alpha$$

自然

$$|u(x,t)-f(x)|\leqslant \frac{2}{3}\varepsilon+\frac{\varepsilon}{3}\cdot\frac{1}{\sqrt{\pi}}\int_{-\infty}^{+\infty}e^{-\alpha^2}d\alpha$$

就是说,根据式(17),我们有:对于所有的与 0 足够近的 t,$|u(x,t)-f(x)|\leqslant \varepsilon$,由此,根据 ε 的任意性,推出

$$\lim_{t\to 0}u(x,t)=f(x)$$

这就是初始条件(6).注意,t 是由正值趋向 0 的. 若 m 与 M 是 $f(x)$ 的界值,就是说 $m\leqslant f(x)\leqslant M$,则由式(16)推出

$$\frac{m}{\sqrt{\pi}}\int_{-\infty}^{+\infty}e^{-\alpha^2}d\alpha\leqslant u(x,t)\leqslant \frac{M}{\sqrt{\pi}}\int_{-\infty}^{+\infty}e^{-\alpha^2}d\alpha$$

于是,根据(17),就有 $m\leqslant u(x,t)\leqslant M$,就是说,对于所有的正的 t,温度 $u(x,t)$ 与初始温度具有相同的界值. 像以上完全一样可以验证公式(15).

205. 一端有界的枢轴

设枢轴界于一端 $x=0$;并设在这一端的周围,介质的温度为 0.

在这种情形下,除初始条件(6)外,我们还有边值条件

$$\left.\frac{\partial u}{\partial x}\right|_{x=0}=hu\mid_{x=0} \qquad (19)$$

另外,解(12)并不直接适用,因为根据初始条件,被积函数 $f(x)$ 只确定于区间 $(0,+\infty)$ 上. 因而,为要应用公式(12),就应当把函数 $f(x)$ 开拓到区间 $(-\infty,0)$ 上.

为了达到这个目的,把公式(12)改写成

$$u(x,t)=\frac{1}{2a\sqrt{\pi t}}\int_{0}^{+\infty}\left[f(\xi)e^{-\frac{(x-\xi)^2}{4a^2t}}|f(-\xi)e^{-\frac{(x+\xi)^2}{4a^2t}}\right]d\xi \qquad (20)$$

这是容易证明的,把 $\int_{-\infty}^{+\infty}$ 分为两个:$\int_{-\infty}^{0}$ 与 $\int_{0}^{+\infty}$,再在第一个中用 $-\xi$ 来替换 ξ 就成了. 为要代入到公式(19)中,我们来计算

$$\frac{\partial u}{\partial x} = \frac{1}{2a\sqrt{\pi t}} \int_0^{+\infty} \left[f(\xi) \frac{\xi-x}{2a^2 t} e^{-\frac{(x-\xi)^2}{4a^2 t}} - f(-\xi) \frac{\xi+x}{2a^2 t} e^{-\frac{(x+\xi)^2}{4a^2 t}} \right] d\xi$$

当 $x=0$ 时，由此求得

$$u\big|_{x=0} = \frac{1}{2a\sqrt{\pi t}} \int_0^{+\infty} e^{-\frac{\xi^2}{4a^2 t}} [f(\xi) + f(-\xi)] d\xi$$

$$\frac{\partial u}{\partial x}\bigg|_{x=0} = \frac{1}{2a\sqrt{\pi t}} \int_0^{+\infty} e^{-\frac{\xi^2}{4a^2 t}} [f(\xi) - f(-\xi)] \frac{\xi d\xi}{2a^2 t}$$

用分部积分法，就有①

$$\int_0^{+\infty} f(\xi) e^{-\frac{\xi^2}{4a^2 t}} \frac{\xi d\xi}{2a^2 t} = -\int_0^{+\infty} f(\xi) d(e^{-\frac{\xi^2}{4a^2 t}}) =$$

$$-e^{-\frac{\xi^2}{4a^2 t}} f(\xi) \big|_{\xi=0}^{\xi=+\infty} + \int_0^{+\infty} f'(\xi) e^{-\frac{\xi^2}{4a^2 t}} d\xi =$$

$$f(+0) + \int_0^{+\infty} f'(\xi) e^{-\frac{\xi^2}{4a^2 t}} d\xi$$

同理

$$\int_0^{+\infty} f(-\xi) e^{-\frac{\xi^2}{4a^2 t}} \frac{\xi d\xi}{2a^2 t} = f(-0) - \int_0^{+\infty} f'(-\xi) e^{-\frac{\xi^2}{4a^2 t}} d\xi$$

我们假定 $f(x)$ 开拓到区间 $(-\infty, 0)$ 上时是连续的. 这时显然

$$f(+0) = f(-0) = f(0)$$

于是

$$\frac{\partial u}{\partial x}\bigg|_{x=0} = \frac{1}{2a\sqrt{\pi t}} \int_0^{+\infty} e^{-\frac{\xi^2}{4a^2 t}} [f'(\xi) + f'(-\xi)] d\xi$$

条件(19)就成为

$$\frac{1}{2a\sqrt{\pi t}} \int_0^{+\infty} e^{-\frac{\xi^2}{4a^2 t}} \{[f'(\xi) + f'(-\xi)] - h[f(\xi) + f(-\xi)]\} d\xi = 0$$

它一定被满足，只要设

$$f'(-\xi) + f'(\xi) = h[f(-\xi) + f(\xi)]$$

或者，姑且记作

$$\Phi(\xi) = f(-\xi); \Phi'(\xi) = -f'(-\xi)$$

未知函数 $\Phi(\xi)$ 由下面这个微分方程来确定

$$\Phi'(\xi) + h\Phi(\xi) = f'(\xi) - hf(\xi)$$

求这个方程的积分，就得到

$$\Phi(\xi) = e^{-h\xi} \left\{ C + \int_0^{\xi} e^{h\xi} [f'(\xi) - hf(\xi)] d\xi \right\}$$

---

① 假设当 $\xi \to \infty$ 时，$e^{-\frac{\xi^2}{4a^2 t}} \to 0$.

令 $\xi = 0$, 确定出常数
$$C = \Phi(0) = f(0)$$
并且由于
$$\int_0^\xi e^{h\xi} f'(\xi) d\xi = f(\xi) e^{h\xi} \Big|_{\xi=0}^{\xi=\xi} - h\int_0^\xi e^{h\xi} f(\xi) d\xi = e^{h\xi} f(\xi) - f(0) - h\int_0^\xi e^{h\xi} f(\xi) d\xi$$
所以
$$f(-\xi) = \Phi(\xi) = f(\xi) - 2h e^{-h\xi} \int_0^\xi e^{h\xi} f(\xi) d\xi$$

把这个关于 $f(-\xi)$ 的表达式代入到公式(20)中, 我们就得到这个问题的最后的解. 注意, 由最后一个公式推出当 $\xi \to 0$ 时 $f(-0) = f(0)$, 就是说 $f(x)$ 开拓到区间 $(-\infty, 0)$ 上时是连续的, 这是我们以上假定了的.

如果, 例如初温是常数
$$\text{当 } x \geqslant 0 \text{ 时}, f(x) = u_0$$
则我们有
$$f(-x) = u_0 - 2h e^{-hx} \int_0^x u_0 e^{hx} dx = u_0 (2e^{-hx} - 1)$$

于是公式(20)给出
$$u(x,t) = \frac{u_0}{2a\sqrt{\pi t}} \left\{ \int_0^{+\infty} e^{-\frac{(\xi-x)^2}{4a^2 t}} d\xi - \int_0^{+\infty} e^{-\frac{(\xi+x)^2}{4a^2 t}} d\xi + 2\int_0^{+\infty} e^{-\frac{(\xi+x)^2}{4a^2 t} - h\xi} d\xi \right\}$$

读者不难证明, 这个解可以通过函数
$$\Theta(x) = \frac{2}{\sqrt{\pi}} \int_0^x e^{-x^2} dx$$
表达如下
$$u(x,t) = u_0 \theta\left(\frac{x}{2a\sqrt{t}}\right) + u_0 e^{a^2 h^2 t + hx} \left[1 - \Theta\left(\frac{x}{2a\sqrt{t}} + ah\sqrt{t}\right)\right] \quad (22)$$

在下述情形下会得到比较简单的结果, 如果在一端 $x = \infty$ 没有放射, 而在这一端温度保持是 0. 这时我们有边值条件
$$u\big|_{x=0} = 0 \quad (23)$$
它可以由式(19)得到, 用 h 除再求当 $h \to \infty$ 时的极限. 由公式(22)让 $h \to \infty$ 可以求得解, 不过只要把函数直接开拓到区间 $(-\infty, 0)$ 上时, 使得满足条件
$$u\big|_{x=0} = \frac{1}{2a\sqrt{\pi t}} \int_0^{+\infty} e^{-\frac{\xi^2}{4a^2 t}} [f(\xi) + f(-\xi)] d\xi = 0$$
为此只需让
$$f(-\xi) = -f(\xi)$$
就是需要把 $f(x)$ 作奇性开拓.

这时公式(20)取下面的形状

$$u(x,t) = \frac{1}{2a\sqrt{\pi t}} \int_0^{+\infty} f(\xi) \left[e^{-\frac{(x-\xi)^2}{4a^2 t}} - e^{-\frac{(x+\xi)^2}{4a^2 t}} \right] d\xi \qquad (24)$$

于是如果
$$u\big|_{t=0} = f(x) = u_0$$

它就成为
$$u(x,t) = \frac{u_0}{\sqrt{\pi}} \int_{-\frac{x}{2a\sqrt{t}}}^{\frac{x}{2a\sqrt{t}}} e^{-\xi^2} d\xi = u_0 \Theta\left(\frac{x}{2a\sqrt{t}}\right) \qquad (25)$$

现在我们来考虑一端界于 $x=0$ 的枢轴,而在这端它保持温度 $U = \varphi(t)$.

先设初温是 0,就有
$$u\big|_{t=0} = 0 \qquad (26)$$

我们先考虑一个特殊情形 $\varphi(t) = 1$,就有
$$u\big|_{x=0} = 1 \qquad (27)$$

不难得到方程(5)的满足条件(26)与(27)的解.为此,我们令
$$u = v + 1$$

函数 v 就也是方程(5)的解,不过它应当满足条件
$$v\big|_{x=0} = 0; v\big|_{t=0} = -1$$

于是依照公式(25)立刻可以得到 $v(x,t)$,只需令
$$u_0 = -1$$

$$v(x,t) = -\Theta\left(\frac{x}{2a\sqrt{t}}\right); u(x,t) = 1 - \Theta\left(\frac{x}{2a\sqrt{t}}\right) \qquad (28)$$

现在设在端点 $x=0$ 直到时刻 τ 温度保持 0,以后保持等于 1.我们来确定温度的分布.这时我们把温度的分布记作 $u_\tau(x,t)$.显然,直到时刻 $t = \tau$ 我们有 $u_\tau = 0$;过了这个时刻后,u_τ 就与上面得到的解一致,只需 t 的开始不是由 0 算起,而要由 τ 算起,就是在表达式(28)中要用 $t - \tau$ 来替换 t,这就给出

$$u_\tau(x,t) = \begin{cases} 0 & \text{当 } t \leqslant \tau \text{ 时} \\ 1 - \Theta\left(\frac{x}{2a\sqrt{t-\tau}}\right) & \text{当 } t \geqslant \tau \text{ 时} \end{cases}$$

不过这时显然是,如果在端点 $x=0$ 只是在时间区间 $(\tau, \tau + d\tau)$ 中保持温度是 1,而在其余的时间它都是 0,则对应的温度的分布就是

$$u_\tau(x,t) - u_{\tau+d\tau}(x,t) = -\frac{\partial u_\tau}{\partial \tau} d\tau$$

如果在时间区间 $(\tau, \tau + d\tau)$ 中它保持有温度 $\varphi(\tau)$,而不是 1,则得到解

$$-\varphi(\tau) \frac{\partial u_\tau}{\partial \tau} d\tau$$

由此显见,如果在端点 $x=0$ 处,当 $\tau > 0$ 时保持温度 $\varphi(\tau)$,则当 τ 由 0 改变到 t 时,我们把所有的单元的效果相加就得到全部的效果,这就给出我们的问题的

未知解，形状如下

$$u(x,t) = -\int_0^t \varphi(\tau) \frac{\partial u_\tau}{\partial \tau} d\tau$$

或者，由于当 $t \geqslant \tau$ 时

$$-\frac{\partial u_\tau}{\partial \tau} = \frac{\partial}{\partial \tau} \Theta\left(\frac{x}{2a\sqrt{t-\tau}}\right) = \frac{\partial}{\partial \tau} \frac{2}{\sqrt{\pi}} \int_0^{\frac{x}{2a\sqrt{t-\tau}}} e^{-x^2} dx = \frac{x}{2a\sqrt{\pi}(t-\tau)^{3/2}} e^{-\frac{x^2}{4a^2(t-\tau)}}$$

所以结果是

$$u(x,t) = \frac{x}{2a\sqrt{\pi}} \int_0^t \frac{\varphi(\tau)}{(t-\tau)^{3/2}} e^{-\frac{x^2}{4a^2(t-\tau)}} d\tau \tag{29}$$

为要使得所得到的解除满足边值条件

$$u\mid_{x=0} = \varphi(t)$$

之外，不是还满足式(26)，而是满足一般形状的初始条件

$$u\mid_{t=0} = f(x)$$

显然，只需对于解(29)再补充上以前得到的解(24).

206. 两端有界的枢轴

我们先讨论一种最典型的情形，就是在一端 $x=0$ 保持温度为 0

$$u\mid_{x=0} = 0 \tag{30}$$

在另一端 $x=l$ 热量放射到周围介质中

$$\frac{\partial u}{\partial x}\bigg|_{x=l} = -hu\mid_{x=l} \tag{31}$$

初温度是

$$u\mid_{t=0} = f(x) \tag{32}$$

依照傅里叶法解决这个问题是很简单的.

由于这里具有边值条件，所以我们要使以前求得的解

$$e^{-\lambda^2 a^2 t} X(x) = e^{-\lambda^2 a^2 t}[A\cos\lambda x + B\sin\lambda x] \tag{33}$$

满足条件(30)与(31)，这就给出

$$X(0) = 0, \text{就是 } A = 0; X'(l) = -hX(l)$$

由此，弃去常数因子 B，就有

$$X(x) = \sin\lambda x \tag{34}$$

以及

$$\lambda\cos\lambda l = -h\sin\lambda l \tag{35}$$

让 $\lambda l = v$，我们得到一个超越方程

$$\tan v = av, \text{其中 } a = -\frac{1}{hl} \tag{36}$$

这个方程有无穷多个实根(图143)，在其中我们只注意正根

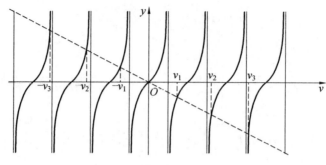

图 143

这些根对应于无穷多个 λ 的值

$$\lambda_1, \lambda_2, \cdots, \lambda_n, \cdots, \text{其中 } \lambda_n = \frac{v_n}{l} \tag{38}$$

而它们依次给出方程(5)的满足边值条件的无穷多个特殊解

$$B_n e^{-\lambda_n^2 a^2 t} \sin \lambda_n x \quad (n=1,2,3,\cdots)$$

为要满足初始条件，我们由下面的公式来求 u

$$u(x,t) = \sum_{n=1}^{\infty} B_n e^{-\lambda_n^2 a^2 t} \sin \lambda_n x \tag{39}$$

当 $t=0$ 时，得到

$$u\mid_{t=0} = f(x) = \sum_{n=0}^{\infty} B_n \sin \lambda_n x = \sum_{n=0}^{\infty} B_n X_n(x) \tag{40}$$

其中记作 $X_n(x) = \sin \lambda_n x$。现在我们来证明函数组 $X_n(x)$ 是正交的。

写出其中两个对应的微分方程

$$X''_m(x) + \lambda_m^2 X_m(x) = 0; X''_n(x) + \lambda_n^2 X_n(x) = 0$$

把第一个乘以 $X_n(x)$，第二个乘以 $X_m(x)$，由所得到的方程逐项相减，再沿区间$(0,l)$求积分

$$\int_0^l [X''_m(x) X_n(x) - X''_n(x) X_m(x)] dx + (\lambda_m^2 - \lambda_n^2) \int_0^l X_m(x) X_n(x) dx = 0$$

用分部积分法于第一个积分，就得到

$$X'_m(l) X_n(l) - X'_n(l) X_m(l) + X'_n(0) X_m(0) - X'_m(0) X_n(0) +$$
$$(\lambda_m^2 - \lambda_n^2) \int_0^l X_m(x) X_n(x) dx = 0$$

不过 $X_m(x)$ 与 $X_n(x)$ 满足边值条件(30)与(31)，就是说

$$X_m(0) = X_n(0) = 0; X'_m(l) = -h X_m(l); X'_n(l) = -h X_n(l)$$

根据这些等式，公式(41)中积分以外的项等于 0，于是注意到对于不同的 m 与 $n, \lambda_m^2 - \lambda_n^2 \neq 0$，就得到：

当 $m \neq n$ 时
$$\int_0^l X_m(x) X_n(x) \mathrm{d}x = 0$$

建立了正交性,用通常的方法可以肯定,在展开式(40)中的系数 B_n 应当由下面这公式确定

$$B_n = \int_0^l f(x) X_n(x) \mathrm{d}x : \int_0^l X_n^2(x) \mathrm{d}x$$

这就解决了函数 $f(x)$ 依函数 $X_n(x)$ 展开的问题,于是同时给出上面所给的问题的解,其形状如级数(39). 在第四卷中我们再证明,像以前一样,应用傅里叶法于典型的数学物理问题时所得到的函数组 $X_n(x)$ 是封闭组,在关于 $f(x)$ 的一些假定下,这个函数在基本区间上展开为依函数 $X_n(x)$ 的一致收敛级数. 注意,如果替代边值条件(30)与(31),我们取边值条件:当 $x=0$ 与 $x=l$ 时 $u=0$,则要得到 $X_n(x) = \sin\frac{n\pi}{l}x$,于是引至通常的依正弦的傅里叶级数.

讨论热在一个环上的分布时,替代边值条件,我们应当建立温度的周期性条件[参考195]. 算作环的半径等于1,于是整个环的长度等于 2π,用 x 来记由某一个点算起时环的长度,我们就转到下面形状的解

$$u(x,t) = \frac{a_0}{2} + \sum_{n=1}^{+\infty}(a_n \cos nx + b_n \sin nx)\mathrm{e}^{-a^2 nt}$$

其中

$$\frac{a_0}{2} + \sum_{n=1}^{+\infty}(a_n \cos nx + b_n \sin nx)$$

是在环上初始的温度分布 $f(x)$ 的傅里叶级数.

207. 补充知识

现在我们来看推广的热传导方程

$$\frac{\partial v}{\partial t} = a^2 \frac{\partial^2 v}{\partial x^2} - cv \tag{42}$$

如果考虑到枢轴的整个界面对周围空间的放射,而周围空间的温度取作等于0,就得到这个方程.

容易验证,方程(42)中代入以

$$v = \mathrm{e}^{-ct} u$$

关于 u 就得到方程(5).

非齐次方程

$$\frac{\partial u}{\partial t} = a^2 \frac{\partial^2 u}{\partial x^2} + F(x,t) \tag{43}$$

在无界枢轴的情形,当初温为0时,就是具有条件 $u|_{t=0}=0$ 时,有下面形状的解

$$u(x,t) = \int_0^t \int_{-\infty}^{+\infty} F(\xi,\tau) \frac{1}{2a\sqrt{\pi(t-\tau)}} e^{-\frac{(\xi-x)^2}{4a^2(t-\tau)}} d\xi d\tau \tag{44}$$

要得到这个解,或者用我们在[174]中对于非齐次波动方程所应用的方法,或者由基本的特殊解(13)相加,在其中我们用 $t-\tau$ 替换 t,然后乘以 $F(\xi,\tau)$,由 $-\infty$ 到 $+\infty$ 对 ξ 求积分.再由 $\tau=0$ 到 $\tau=t$ 对 τ 求积分.这些运算的物理意义是很明显的.用重叠热源的方法可以得到方程(43)的解,这些热源沿着整个枢轴分布,强度为 $F(\xi,\tau)$,并且由时刻 τ 开始作用.这样的热源重叠时也要依照时间进行重叠.

在二维与三维的情形,应用傅里叶法时,像对于波动方程一样,引向同样的结果,只是在所考虑的情形下,依赖于时间的因子是指数函数.

例如,对于方程

$$\frac{\partial u}{\partial t} = a^2 \left(\frac{\partial^2 u}{\partial x^2} + \frac{\partial^2 u}{\partial y^2} \right)$$

在平面矩形的情形,我们有下面形状的解

$$u = e^{-\omega^2 t} U(x,y) \tag{45}$$

这里在指数中我们用 ω^2 是为了要利用[177]中的公式.设有边值条件:在 C 上 $u=0$,以及初始条件:当 $t=0$ 时 $u=\varphi_1(x,y)$.解就可以表示成下面的级数形状

$$u = \sum_{\sigma,\tau=1}^{\infty} a_{\sigma,\tau} e^{-\omega_{\sigma,\tau}^2 t} \sin \frac{\sigma\pi x}{l} \sin \frac{\tau\pi y}{m}$$

其中 $\omega_{\sigma,\tau}^2$ 由[177]中公式(119)确定,而 $a_{\sigma,\tau}$ 由公式(114)中第一个确定.

在平面圆的情形[参考178],同样代入式(45),可以引出下面的解

$$u = \sum_{\substack{n=0 \\ m=1}}^{+\infty} \alpha_{m,n} e^{-\omega_{m,n}^2 t} \cos n\theta J_n(k_m^{(n)} r) + \sum_{\substack{n=1 \\ m=1}}^{+\infty} \beta_{m,n} e^{-\omega_{m,n}^2 t} \sin n\theta J_n(k_m^{(n)} r)$$

这里 $\alpha_{m,n}$ 与 $\beta_{m,n}$ 由[178]中确定 $\alpha_{m,n}^{(1)}$ 与 $\beta_{m,v}^{(1)}$ 的公式来确定,而 $\omega_{m,n}$ 由公式(128)确定.

208. 球的情形

在球的情形,我们平行考虑波动方程及热传导方程

$$\frac{\partial^2 u}{\partial t^2} = a^2 \Delta u \tag{46}$$

$$\frac{\partial v}{\partial t} = a^2 \Delta v \tag{47}$$

我们算作初始已知条件只依赖于点到球心的距离 r,有

$$u \big|_{t=0} = \varphi_1(r); \frac{\partial u}{\partial t} \bigg|_{t=0} = \varphi_2(r) \tag{48}$$

$$v \big|_{t=0} = \psi(r) \tag{49}$$

我们取下面形状的边值条件：
当 $r=R$ 时
$$\frac{\partial u}{\partial r}=0 \tag{50}$$
当 $r=R$ 时
$$\frac{\partial v}{\partial r}+hv=0 \tag{51}$$

其中 R 是球的半径且 $h>0$。由于中心对称性，解也就不依赖于极角，如此，解就只依赖于 r 与 t 的函数。让

$$u=(A\cos \omega t + B\sin \omega t)U(r) \tag{52}$$
$$v=A\mathrm{e}^{-\omega^2 t}V(r) \tag{53}$$

对于 $U(r)$ 与 $V(r)$ 就得到同样的方程 $\Delta W + k^2 W = 0$，其中 $k^2=\dfrac{\omega^2}{a^2}$。利用在球面坐标系中拉普拉斯算子的表达式，并注意 W 只依赖于 r，就得到方程

$$\frac{1}{r^2}\frac{\mathrm{d}}{\mathrm{d}r}\left(r^2\frac{\mathrm{d}W}{\mathrm{d}r}\right)+k^2 W=0$$

就是

$$\frac{\mathrm{d}^2 W}{\mathrm{d}r^2}+\frac{2}{r}\frac{\mathrm{d}W}{\mathrm{d}r}+k^2 W=0$$

再引用新的未知函数 $R(r)$ 来替代 $W(r)$
$$R(r)=rW(r)$$

把 $W(r)=\dfrac{R(r)}{r}$ 代入到关于 W 的方程中，就得到关于 $R(r)$ 的方程：$R''(r)+k^2 R(r)=0$，由此 $R(r)=C_1\cos kr + C_2\sin kr$，于是推知

$$W(r)=C_1\frac{\cos kr}{r}+C_2\frac{\sin kr}{r}$$

注意，在球心，解应当是有限的，就是说，当 $r=0$ 时，我们应当算作 $C_1=0$，代入到(52)中就得到下面形状的解

$$u=(A\cos \omega t + B\sin \omega t)\frac{\sin kr}{r} \tag{54}$$

$$v=A\mathrm{e}^{-\omega^2 t}\frac{\sin kr}{r} \tag{55}$$

常数 k 以至于 $\omega=ak$ 都可以由边值条件(50)与(51)来确定。

应用条件(51)于 $\dfrac{\sin kr}{r}$，就给出下面的关于 k 的方程

$$\tan kR = \frac{kR}{1-hR} \tag{56}$$

当 $h=0$ 时，化为由边值条件(50)所得到的方程

$$\tan kR = kR \tag{57}$$

让 $kR = v$，我们看出，方程 (56)，(57) 与方程 (36) 完全类似. 设 $k_1, k_2, \cdots$ 是方程 (56) 的正根. 注意 (55)，对于 $v(r,t)$ 我们得到

$$v(r,t) = \sum_{n=1}^{+\infty} a_n \mathrm{e}^{-a^2 k_n^2 t} \frac{\sin k_n r}{r} \tag{58}$$

初始条件 (49) 给出

$$r\psi(r) = \sum_{n=1}^{+\infty} a_n \sin k_n r \tag{59}$$

像在 [206] 中完全一样，在区间 $(0, R)$ 上函数 $\sin k_n r$ 是正交的，于是推知，展开式 (59) 的系数由下列公式确定

$$a_n = \int_0^R r\psi(r) \sin k_n r : \int_0^R \sin^2 k_n r \mathrm{d}r$$

再看关于 u 的方程，我们仍然用 $k_n (n = 1, 2, \cdots)$ 来记方程 (57) 的正根. 这里我们还应当考虑到 $k = 0$，它对应的频率 $\omega = 0$. 这时，替代 $(A\cos \omega t + B \sin \omega t)$ 我们应当写 $A + Bt$. 关于 $R(r)$ 的方程是 $R''(r) = 0$，而 $W(r) = \dfrac{R(r)}{r}$ 是常数，于是方程 (46) 对应的解是 $a_0 + b_0 t$. 显然，对于任何的常数 a_0 与 b_0，它满足边值条件 (50). 结果对于 u 我们得到

$$u(r,t) = a_0 + b_0 t + \sum_{n=1}^{+\infty} (a_n \cos k_n t + b_n \sin k_n t) \frac{\sin k_n r}{r}$$

对 t 求微商再让 $t = 0$，就得到在初始条件 (48) 中出现的函数展开式

$$r\varphi_1(r) = a_0 r + \sum_{n=1}^{+\infty} a_n \sin k_n r$$

$$r\varphi_2(r) = b_0 r + \sum_{n=1}^{+\infty} k_n b_n \sin k_n r$$

注意到方程 (57)，不难验证，在区间 $(0, R)$ 上，$\sin k_n r$ 不仅彼此正交，且与函数也正交，就是说

$$\int_0^R r \sin k_n r \mathrm{d}r = 0$$

当 $m \neq n$ 时

$$\int_0^R \sin k_m r \sin k_n r \mathrm{d}r = 0$$

于是上面的表达式的系数依照通常的法则确定

$$a_0 = \int_0^R r^2 \varphi_1(r) \mathrm{d}r : \int_0^R r^2 \mathrm{d}r = \frac{3}{R^3} \int_0^R r^2 \varphi_1(r) \mathrm{d}r$$

$$a_n = \int_0^R r \varphi_1(r) \sin k_n r \mathrm{d}r : \int_0^R \sin^2 k_n r \mathrm{d}r$$

对于系数 b_n 有类似的公式. 注意，对于方程 (47)，当 $\omega = 0$ 时，我们得到解

$v=$ 常数,不过这个解不满足边值条件(51),因为依照条件 $h>0$,方程(46)可以解释为气体振动时关于速度势 u 的方程.这时边值条件(50)表达的事实是,在球面出现的气体的速度沿球面的法线方向的分速度等于 0.

关于热传导方程(47)的边值条件(51)表达下述事实,热量由球面放射到周围空间中,周围空间的温度等于 0.

209. 唯一性定理

现在我们来讲,当给定初始条件及边条值件时,热传导方程的解的唯一性问题[参考 179];我们取一维的问题,就是关于有界枢轴 $0 \leqslant x \leqslant l$ 的方程

$$\frac{\partial u}{\partial t}=a^2\frac{\partial^2 u}{\partial x^2} \tag{60}$$

在平面 xt 上作一个区域 G,界于直线 $x=0$ 及 $x=l$,出现在 x 轴的线段 $0 \leqslant x \leqslant l$ 以上(图 144).再作任何一条直线段 $t=t_0, t_0>0$ 平行于 x 轴.它由区域 G 截出一个有限矩形 $OAQP$,我们用一个字母 H 来记这个矩形.现在来证明下面这个定理:

定理 设函数 $u(x,t)$ 在 G 内满足方程(60),并且直到 G 的界线它是连续的.这时,在 H 上 $u(x,t)$ 在由边 OP,OA 与 AQ 组成的 H 的一部分界线 l 上达到最大值与最小值.

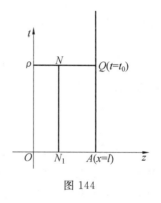

图 144

证明时我们只限于考虑最大值的情形,用反证法.设不是在 l 上达到最大值,而是在 H 内或另一边 PQ 内,就会引出谬论.设在点 (x',t') 达到最大值 M.于是函数 $u(x,t)$ 在 l 上的最大值小于 M.作一个新函数 $v(x,t)$ 如下

$$v(x,t)=u(x,t)-k(t-t_0) \tag{61}$$

其中 k 是一个正数,我们现在来固定它.在矩形 H 上我们有

$$u(x,t) \leqslant v(x,t) \leqslant u(x,t)+kt_0$$

我们可以固定一个与 0 足够近的数 k,使得 $v(x,t)$ 及 $u(x,t)$ 在 l 上的最大值小于 $v(x,t)$ 在点 (x',t') 的值.这样选择好 k 时,在 H 上函数 $v(x,t)$ 就不在 l 上取最大值,而在 H 内或在边 PQ 内.我们分别考虑这两种情形,这两种情形都会引至谬论.

设 $v(x,t)$ 在 H 内的某一点 $C(x_1,t_1)$ 取最大值,则在这点 C 函数 $v(x,t)$ 就取极大值,于是在这点我们应当有[Ⅰ,58]

$$\frac{\partial v}{\partial t}=0, \frac{\partial^2 v}{\partial x^2} \leqslant 0$$

由此推出

$$\frac{\partial v}{\partial t} - a^2 \frac{\partial^2 v}{\partial x^2} \geqslant 0$$

或者,根据式(61)有

$$\frac{\partial u}{\partial t} - a^2 \frac{\partial^2 u}{\partial x^2} - k \geqslant 0$$

不过在 G 函数也满足方程(60),于是所写的不等式引至荒谬的不等式:$-k \geqslant 0$. 现在设在 H 上 $v(x,t)$ 在边 PQ 内一点 $N(x_1,t_0)$ 达到最大值. 考虑 $v(x,t)$ 沿着平行于 t 轴的线段 N_1N 的改变,我们在点 N 得到不等式 $\frac{\partial v}{\partial t} \geqslant 0$,因为函数 $v(x,t)$ 在点 N 的值不小于它在整个线段 N_1N 上的值. 再考虑 $v(x,t)$ 沿 PQ 的改变,在点 N 得到不等式 $\frac{\partial^2 v}{\partial x^2} \leqslant 0$,因为 $v(x,t_0)$ 在点 $x=x_1$ 有极大值. 如此,在点 N, $\frac{\partial v}{\partial t} - a^2 \frac{\partial^2 v}{\partial x^2} \geqslant 0$,像上面一样引出同样的谬论,于是证完.

由所证明的定理直接推知,若在整个界线 l 上 $u(x,t)=0$,则在整个矩形 H 上 $u(x,t)=0$,这就很简单的引出唯一定理.

设除方程(1)外,具有初始条件以及在端点的已知温度

$$u\mid_{t=0} = f(x)(0 \leqslant x \leqslant l); u\mid_{x=0} = \omega(t); u\mid_{x=l} = \omega_1(t) \quad (62)$$

这些条件引出在 G 的界线上的已知函数 $u(x,t)$. 我们算作这些界值在 G 的整个界线上是连续函数,包括点 O 与 A 在内,就是说 $\omega(0) = f(0), \omega_1(0) = f(l)$. 设对于条件(62),在 G 内存在方程(60)的两个解 $u_1(x,t)$ 与 $u_2(x,t)$,它们直到 G 的界线是连续的. 这时它们之差 $u(x,t) = u_1(x,t) - u_2(x,t)$ 也是方程(60)的解,它在 G 的整个界线上等于 0. 由以上证明的定理直接推知, u 在 G 内到处等于 0,就是说 $u_1(x,t)$ 与 $u_2(x,t)$ 全同. 注意,如果 $u(x,t)$ 在点 O 与 A 不是连续的,而在这两个点的近旁这个函数是有界的,唯一定理仍然成立. 这时在这两个点界值不应当是连续的.

公式(12)给出关于无界枢轴的解. 设已知函数 $f(x)$ 连续并且在某一个线段 $(-b,b)$ 之外它等于 0,于是

$$u(x,t) = \frac{1}{2a\sqrt{\pi t}} \int_{-b}^{b} f(\xi) e^{-\frac{(\xi-x)^2}{4a^2 t}} d\xi$$

利用这个公式,不难证明,当 $x \to +\infty$ 或 $x \to -\infty$ 时,对 t 来讲, $u(x,t)$ 一致趋向 0,就是说,当给定任何正数 ε 时,存在这样的正数 N,使得当 $|x| \geqslant N$ 而 t 为任何值时 $|u(x,t)| < \varepsilon$. 我们来证明,对于给定的初始条件(6),具有这样的性质的解只有一个. 像以上一样,只需证明 $u(x,t)$ 在 x 轴上取最大值与最小值. 用反证法. 设 $u(x,t)$ 在某一点 $C(x_1,t_1)$ 取最大值 M,其中 $t_1 > 0$,就是说,在区间 $-\infty < x < +\infty$ 上 $f(x) < M$. 注意到在区间 $(-b,b)$ 之外 $f(x) = 0$,

就可以肯定 $M>0$. 作两条直线 $x=d$ 与 $x=-d$, 选择 d 足够大以至于在这两条直线上不等式 $|u(x,t)|<M$ 成立, 由这两条直线, x 轴以及过点 C 平行于 x 轴的直线作成一个矩形(图145). 函数 $u(x,t)$ 在点 C 的值大于它在由三边 $x=d, x=-d$ 与 $t=0$ 组成的 H 的一部分界线 l 上的值. 如此, 在矩形 H 上函数 $u(x,t)$ 达到最大值, 或者在 H 内, 或者在

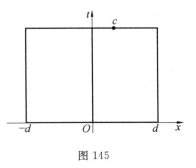

图 145

通过点 C 的一边内, 而这就引至谬论. 如此, 证明了在对于 $f(x)$ 所作的假定下具有上述性质的问题的解的唯一性.

俄国大众数学传统 —— 过去和现在

附录

本附录的作者为 A. B. Sossinsky，译者为吴雅萍. A. B. Sossinsky 现为莫斯科电子学与数学研究所高级研究员及莫斯科独立大学讲师.

对西方观察家来说，下述事实令他们深感奇怪：在赫鲁晓夫与勃列日涅夫的极权统治年代里，几乎处于完全孤立的情形下繁荣一时的俄国数学学派，在国家向民主和正规市场经济迈进的今天却面临消亡的威胁. 当然，至少对目前正发生的空前的数学人才外流现象，有其明显的经济原因. 然而如果人们想解释这一矛盾现象，还应了解这一问题的一些更深层的、不那么明显的方面，在西方这是鲜为人知的.

其中一个方面可称作"非正规的大众化数学的传统"——正是本附录的主题.

社会和文化范畴

苏联的大众数学传统的特定形式，只能在俄罗斯文化遗产的框架内以及苏联政体的政治范畴内才能理解. 前者包括俄国科学职业在长时期内的威望，它把东方人对"宗教领袖"的尊崇与德国人对"绅士教授"的尊敬融合起来；同时它还包括传统的对自谦的钦佩,以及优秀的公民、贵族或知识分子通过"走向人民"和与大众分享其文化遗产以增进社会的公正所做出的常常是天真的努力.

这一背景对所有的学科都是相同的,但由于起决定作用的政治性原因,其对数学的影响却是独特的:几十年来在苏联,数学是唯一的一门其自身发展不受意识形态权威人物的严密监督和左右的科学,这一事实是众所周知的. 有才能的年轻人很快就认识到学习生物学就意味着要遵从李森科的荒谬原理,研究历史则意味着要遵循马克思主义的一家之言. 而数学却保持其独立和纯洁:一条定理,一旦被证明了,则不管党魁们喜欢与否都是正确的. 事实上,直到20世纪60年代末,党魁们不仅对定理而且对证明它们的人都并不是特别介意.

因此苏联数学家有极好的机遇来吸引最有才能的学生从事他们的职业,并且他们抓住了这一机遇,并为此建立了新的非官方的机构.

奥林匹克竞赛与数学兴趣小组

首届数学奥林匹克竞赛是在1936年由B. N. Delone在列宁格勒组织的,他在第二年还发起了莫斯科数学奥林匹克竞赛. B. N. Delone是一位多面手,他既是数论专家、几何学家,又是有成就的登山运动员、说书人及讲师. 他自己设计这些数学竞赛的形式 —— 现今在很多文明国家中已很流行,且使这些竞赛有了成功的开始. 他得到了权威数学家们的支持,特别是 A. N. Kolmogorov 和 I. G. Petrovsky. 就其特色而言,近40年来,数学奥林匹克竞赛一直是非官方的,在没有重大经济资助下发挥了作用,并且是靠年轻数学家的无私热情来完成的.

在因第二次世界大战而中断一段时间后,奥林匹克竞赛扩展到全国,并形成了金字塔式结构:首届全俄数学奥林匹克竞赛在1961年举行,首届全苏决赛则于1967年在第比利斯举行. 直到20世纪70年代中期,它基本上仍是一项非官方的活动,并从Petrovsky所在的莫斯科大学得到一些经济资助,还从当地一些数学家那里获得帮助. 奥林匹克数学竞赛是一种多阶段性竞赛,它从学校一级开始,一个有才能的高中生要在城市、地区以及共和国等各种级别的竞赛中取胜,才可以参加权威性的全苏决赛甚至于有资格参加国际竞赛.

从20世纪40年代后期起,大城市的奥林匹克竞赛与所谓的"数学兴趣小组"密切相关,数学兴趣小组是非常规的解题数学班,通常在周末由年轻的专业研究数学家来指导并向所有有兴趣的高中生开放. 俄国的这一非常规的学习小组的传统可追溯到19世纪,小组(在圣彼得堡的列宁的"马克思主义小组")活动的内容从政治宣传到文学、科学或艺术,以及手工艺等. 实际上,对这种非常规的活动没有历史的记载,但为了了解我们这一代的每一个主要的苏联数学家是怎样产生的,那么了解他们参加的是哪个小组和说明谁是他们的论文导师可能同样重要.

从统计数据看,当时 50 多岁的苏联最好的数学家中,几乎所有的人都参加了数学小组及奥林匹克竞赛. Novikov, Arnold, Kirillov 及 Fuchs 都是 20 世纪 50 年代的奥林匹克竞赛获奖者.

数学学校及数学班

20 世纪 60 年代可能是苏联数学发展中最值得称道的时期. 尽管"赫鲁晓夫的春天"没有达到预期的效果,俄国知识分子从斯大林时期的由恐惧造成的麻木中觉醒过来,而且艺术及科学活动通常能在政治允许的范围内得以重新恢复. 数学家们利用这个有利形势创立新的机构以吸引有才能的年轻人投身数学事业.

第一个也最具雄心的是"物理和数学寄宿学校". 第一所学校是 1961 年在新西伯利亚附近,由有"科学城的沙皇"之称的 M. I. Lavrentiev 创建的;他是来自莫斯科的一流数学家,承担了在西伯利亚传播科学这一重要计划的实施. 第二年,A. N. Kolmogorov 及 I. K. Kikoin(氢弹物理学家)在莫斯科建立了类似的学校,随后有人在列宁格勒、基辅及埃里温也仿效了这一做法.

Lavrentiev 和 Kolmogorov 认为,未来的数学家未必来自社会及知识界的精英阶层,在全国各地,特别是在小城镇,有巨大的民间人才宝库. 大城市里有才能的年轻人已经得到了广为宣传的奥林匹克竞赛及数学小组的关怀,而小城镇里的年轻人既缺少称职的数学教师又完全没有与年轻的研究人员 —— 其任务是塑造成杰出的未来数学家 —— 接触的机会. 为挑选最有才能的高中生,来自莫斯科、列宁格勒、基辅及科学城的年轻数学家,游历全国的所有边远地区以帮助组织当地的奥林匹克竞赛,同时指导物理和数学寄宿学校的入学考试.

几乎同时,几个杰出的数学家(例如 A. Cronrod, E. Dynkin, I. M. Gelfand)决定为较大的城市居民组办数学学校(注意,确切地说是为那些上中学的最后二或三年的孩子举办的). 于是,莫斯科的第 2,7,9,444 中学成为具有强化数学课程的一流学校.

同时出现的另一个不那么雄心勃勃的机构,称为"普通"学校里的数学班,在那里,有兴趣的高中生可学到更多的(且更高等的)数学知识.

归功于 I. M. Gelfand 的另一个重要的创造,是在 1964 年创立的全苏数学函授学校. 这一著名的机构(只有几个领(低)报酬的长期合作者),借助于莫斯科大学数学专业的人才始终如一的帮助(几年以后,大部分帮助来自函授学校的毕业生),设法吸引成千上万的高中生学习课程以外的数学.当然,大部分学生来自那些不能提供上述常规及非常规的数学学习条件的地方.

随着函授学校的工作的推进,又演化出一种新形式的功能,称为"集体学生",这与当地教师直接相关.即一组学生在本校一名教师的指导下做函授学校指定的作业,每月提交一份共同完成的作业论文.个人及集体这两类工作形式经证明都是卓有成效的.

在 20 世纪 60 年代中期,为愿意从事数学研究的有才能的年轻人提供了一个很广阔的供选择的天地.数学兴趣小组、奥林匹克竞赛,多种特殊的班以及学校,其中包括寄宿学校及函授学校,用以满足各种潜在的人才的需要.所有这些机构,在某种意义上,都是外围组织(不是由上面权力机关强加的,也不是由教育体系派生的).幸亏由于投入该事业的人(大多是青年数学家)的热情,使它有效地发挥了作用.这些机构还趋于自我再生:例如数学寄宿学校的校友常常在他们成为研究生后(有时在之前)回到数学寄宿学校当教师.

实际上所有在 20 世纪 60 年代上学的领头数学家都进过上面提到的人才学校之一.在他们的班里,他们受到很强的激励去取得成功.环绕在大城市数学奥林匹克竞赛优胜者周围的热烈气氛,可与美国高中篮球队队长周围的气氛相比.下面将简单列举一下 Kolmogorov 寄宿学校培养的一些校友的名字,他们是:Varchenko,Matiyasevich,Levin,Nikulin 及 Krichever.

大众数学书及 *Kvant* 杂志

苏联科学事业中最值得称颂的成就之一是大众科学出版业的成就.在 20 世纪 50,60 及 70 年代中,用买两杯柠檬水(或半个冰激凌)的钱,你便可买到诸如:Khinchin 的《数论的 3 个宝石》或 Kirillov 的《极限》那样的数学科普书籍.甚至在 20 世纪 80 年代,Boltyansky Efremovich 的绝妙的介绍拓扑的科普书或 Arnold 的《突变理论》一书,售价不及一个橘子或半个香蕉.

但对出版业在数学普及中所做的这些事,Kolmogorov 感到还不够.他与 Kikoin 在 1969 年协力创办了 *Kvant*(《量子》杂志),一个由科学院资助的、面向高中学生的物理和数学方面的科普月刊.结果它成为出版业的一次不寻常的成功:(尽管仅能通过按年的订阅来销售)到 1972 年(这期间可描述为数学事业的繁荣时期)销售量达到令人难以置信的 370 000 份,其后有所下降,在 20 世纪 80 年代保持在 200 000 份左右.

该杂志的经常性撰稿人是 A. N. Kolmogorov,A. D. Alexandrov,

L. S. Pontryagin，V. A. Rokhlin，S. Gindikin，D. B. Fuchs，M. Bashmakov，V. I. Arnold，A. Kushnirenko，A. A. Kirillov，N. Vaguten(= N. Vassiliev + V. Gutenmakher)，Yu. P. Soloviev，V. M. Tikhomirov 等. 西方读者通过阅读由"自然科学教师协会"在华盛顿出版的基于 Kvant 过刊的美国版本的《量子》(Quantum) 杂志，便可了解 Kvant 杂志的主要内容.

数学事业中的停滞

20 世纪 60 年代的数学繁荣未能持续很久，在不祥的 1968 年(苏联坦克滞留布拉格)以后，勃列日涅夫及其密友严厉加强了对意识形态领域的控制，特别是对科学界，再一次强烈主张科学的党性原则. 这一时期是数学界发生最惹人注目的变化的时期，原因可能是在此之前数学是一片被偶然遗忘在沙漠中的绿洲.

在莫斯科，从 1968 年开始，伴随着"Esenin Volpin 案件"，即所谓的"99 人信件"以及随后的发展，发生了一系列事件：莫斯科大学力学数学系行政管理方面的变化，反对犹太人进入莫斯科大学的政策的重新执行(本来自 1955 年已中止执行)，对数学家的铁幕又一次拉上了(除了那些对共产党或克格勃有特殊贡献的人). 这些事实众所周知，然而，人们并不总是清楚地认识到，当时执政的政策不仅是种族歧视的一种特殊的丑恶形式，而且更一般的是试图对人的自尊心及公正的遏制，以及对科学事业中的卓越人才及成就的摧残，随后，迟钝与驯服成为在学术事业中成功的主要因素.

可以预料，当时会对前文中提到的所有从事大众数学的外围机构采取些行动，实际也确实如此.

在莫斯科，莫斯科大学的力学数学系党组织控制了 Kolmogorov 寄宿学校，清除了"不合需要"的教师(包括本附录作者)，解雇了思想自由化的导师，引入禁止犹太人入学的政策.

就全苏联而言，教育部控制了数学奥林匹克竞赛. 1976 年在第比利斯举行的第 13 届全苏数学奥林匹克决赛是评委会以重大的牺牲而换取的一次胜利，他们成功地保留了竞赛的传统(通过与那些想管理及毁掉竞赛的教育部官僚们进行的为外人所不知晓的斗争)：第二年，忠实的官僚们几乎全部地用那些更容易驾驭的数学家来替换原全苏评委会.

很多数学学校被迫关闭或被重新组织. 著名的莫斯科 2 中和 7 中及很多(特别是那些最有创新精神的教师指导的)数学班被迫中断.

并非对这些机构的所有打击都是成功的. Gelfand 的数学函授学校在意识

形态上好像是无懈可击的.然而,力学数学系新的领导班子组织了一个相应的与之竞争的学校,叫作"Malyi 力学数学学校",并诱惑性地向其学生许诺:他们更易进入该系且劝阻该系大学生不要帮助 Gelfand 学校.但这些并未起很大作用,Gelfand 学校依然办得很成功.

由 Pontryagin 及 Vinogradov 负责执行的另一接管任务也失败了,他们要从太自由化的 Kolmogorov 和 Kikoin 手中争到 Kvant 杂志的控制权.

也许更典型的例子是过去在传统上由莫斯科大学的数学家们指导的莫斯科数学奥林匹克竞赛的命运.曾在 1978 年被选为奥林匹克委员会领导人的 Kirillov,根据力学数学系主任签署的一项行政命令而被调离此职位,该系主任指派 Mishchenko 担任这一职务且完全改变了管理此竞赛的队伍.这导致了竞赛氛围的根本变化:它变得非常刻板且开始模仿莫斯科大学的入学考试.

另一鲜为人知但具戏剧性的故事与 Bella Muchnik 的数学讲习班(被人挖苦地称作"人民大学")有关.它开办于 1979 年,旨在为那些未能通过莫斯科大学的具种族歧视性入学考试的学生提供学习最高水平数学知识的机会.在它的 3 年开办期内,很多很好的数学家在那里执教而没有任何物质报酬.当克格勃逮捕了两名学生后该校才停办.Bella Muchnik 在被克格勃审讯后,一天深夜不幸死于一次车祸,肇事者逃离,很多人相信这不是一次偶然的事故.

但这只是一个极端情形.大多数半官方的大众数学机构未被破坏,相反它们变得更官方化了.靠机构的再生,在很多情形下它们保持了高度专业化水平,但同时失去了很多原有的非常规的特点.值得注意的例外是 Kvant 杂志和 Gelfand 函授学校,它们均设法保持其专业质量和办学精神.

新竞赛、新纪元

一般来说,20 世纪 70 年代及 80 年代初是令人沮丧的时期,当时大众对数学的兴趣逐渐下降,而且 20 世纪 50 年代及 60 年代创立的机构失去了很多吸引力.但至少有一个人没有陷入这种沮丧中,他就是 Konstantinov.尽管他从全苏奥林匹克评委会及莫斯科奥林匹克评委会被解职,而且他的数学学校被关闭,但他又重新行动起来:为中学生创立了一非正规的数学暑期讲习班,按惯例应在爱沙尼亚举办;把莫斯科 57 中学办成数学人才学校直至今日;又在莫斯科发起 Lomonosov 竞赛(一种受欢迎的中学多学科的群众性竞赛)且创立了非常成功的城市间竞赛(现为一种国际竞赛).

Konstantinov 是俄罗斯数学竞赛史上一位真正的传奇人物,然而在莫斯科、圣彼得堡、车里雅宾斯克等地还有很多不如他知名但同样致力于此事业的教师.例如 B. Davidovich, A. Shen 及 A. Vaintrob, 他们帮助把莫斯科 57 中学办成一个杰出的学校且保持其最高水平,尽管受到官方机构的行政方面的困扰.

这些以及其他的"手持火炬的人",穿过勃列日涅夫时期的重重封锁把大众化数学的传统一直延续到"改革"的来临时.在西方观察家看来,符合逻辑的应是标榜自由化的政权会立即引发生机勃勃的对最好的民主传统的恢复,特别是在科学和教育方面,但这并未出现.主要原因是(不是西方人通常想的那样)政治机构最高层的急剧变化并未伴随着低层的行政人事的变化.那些在极权体制下曾竭力反对任何革新及自由化的官僚们,今天仍在这么做,而且又补充了新的能量;这么做,不单单是为维护旧体制,而且是为他们自己的生存而斗争.同时很多本可以在恢复最好传统中起积极作用的数学家,在条件允许时情愿移居国外,他们有理由把为他们的家人提供舒适的生活及良好的研究条件,看得比这里的不确定的前途及拯救濒临消亡的传统更重要.这主要是指那些当时处在 30 至 40 岁的数学家,这一代人最好的年华不幸正处在那令人沮丧的停滞时期(1968～1986 年).

莫斯科独立大学的数学学院

然而,那些仍根植于莫斯科的领头数学家们又精力充沛地创立了一个雄心勃勃的新机构,称为莫斯科独立大学(IUM)的数学学院,一个培养未来数学研究工作者的小型人才学校.它的创建人感到,莫斯科国立大学的力学数学系由于受 20 年的错误管理的破坏,且从根本上讲,现在仍受那些招致该系衰退的强硬路线人的领导;它对造就新的数学人才已不再发挥作用.从观念及教学方面看,创建数学学院的带头人是 Arnold,而在实际执行中,其机构由 Konstantinov 管理.在 1991 年 7 月进行了非常难的笔试(一种从 0 分到 120 分的评分制),在 9 月开学,首批注册的是 45 名学生. Konstantinov 成功地在莫斯科大学附近的一个学校借到了办公室及教室,甚至从莫斯科的资助者那里得到一些钱,以给学院的教师一些酬劳,并为一些学生提供奖学金.

当时在俄罗斯还没有办私立(非公立)教育机构的立法.特别是,这意味着莫斯科独立大学不能使其学生免于兵役,使得大多数男生不得不同时也进入莫斯科国立大学.于是莫斯科独立大学只能在晚上上课,该校大部分学生有双份的学习负担.

尽管有这样或那样的困难,莫斯科独立大学的数学学院正在成功地发挥作用,它现有 25 个二年级学生及 35 个一年级新生.美国数学会已向该校教师提供了一些资助,教师中包括 D. V. Alekseevsky, B. L. Feigin, A. L. Gorodentsev,

S. M. Gusein-Zade, A. A. Kirillov, Elena Korkina, S. K. Lando, Yu. A. Neretin, V. P. Palamodov, V. S. Retakh, A. N. Rudakov, V. M. Tikhomirov, V. A. Vassiliev, E. B. Vinberg 及本附录的作者. 教师们感到他们有能力把莫斯科数学学派最好的传统传给他们的学生（到现在为止，他们已被证明是有才能的及可培养的），并希望莫斯科独立大学的数学学院能克服目前的困难（需要一所永久性教学场所及好的图书馆），成为（不仅面向苏联学生的）一个具有一流水平研究生院的人才大学.

现在怎么样

现在让我们估计一下当今的形势. 圣彼得堡的数学学派无论从象征性意义上还是字面上已不复存在. 就莫斯科及圣彼得堡国立大学的数学系来说，修修补补已无济于事. 实际上所有40岁以下的领头数学家已经或正打算移居国外. 在莫斯科，大学教授的月工资不够维持一周的生活.

另一方面，我们这一代的很多领头数学家，尽管经常居住在国外，但还没有永久地移居国外：Novikov, Arnold, Maslov, Anosov, Faddeev, Vershik, Kirillov, Vinberg, Sinai 及 Zakharov 仍扎根于这里. 下一代的一些数学家也是如此：Ilyashenko, Helemsky, Feigin, Vassiliev, Khovansky, Rudakov, Soloviev, Fomenko, Drinfeld 及 Krichever. 文化的数学传统至今仍充满活力，但不是靠国立大学及公办奥林匹克竞赛，而是以其新的、非正规的机构来传授下去. 仍有很多数学班及数学兴趣小组，莫斯科数学奥林匹克竞赛正努力以重新获得其传统的价值，Kvant 杂志正为生存而顽强地奋斗着，Konstantinov 负责的城市间竞赛及 Lomonosov 竞赛仍在很好地进行. 莫斯科数学会也仍在发挥其质朴的凝聚作用，且出现了一些试验性新机构：在圣彼得堡的以 Faddeev 为首的欧拉研究所，在莫斯科的独立大学及以 Khovansky 为首的数学研究所.

这些足够了吗? 从现在起5年或10年里，当我们这一代人太老了以致不能把从事数学研究的乐趣传给有才能的学生时，是否有人会接过这一火炬呢? 显然逻辑推理告诉我们这两个问题的答案是"不". 但在此宁愿无视所有的逻辑，而祝愿美好的数学文化传统，其中一些是这里已描述过的，将不会消亡.

编辑手记

本丛书在中国的第一次出版距今已有半个世纪.

时光留予人的,从来不仅是它决然的背影,更有负载其上的努力、挣扎,以及由此生发出的意义与希望.

如果读一下我国老一代数学家和工程技术专家的回忆录,就会发现许多人在谈到读书生涯时都会提到斯米尔诺夫的这套高等数学教程.

其实俄罗斯几乎同时代有两位数学家都叫斯米尔诺夫.一位是 V. I. 斯米尔诺夫(Vladimir Ivanovič Smirnov(Владимир Иванович Смирнов),1887—1974).1887 年生于彼得堡.1910 年毕业于彼得堡大学.1912 年至 1930 年任彼得堡交通道路工程学院教授.1936 年获博士学位.1943 年被选为苏联科学院院士.

斯米尔诺夫在数学上的主要贡献有:

1. 他与索波列夫一道从事固体力学和数学物理方程的研究,得到了带平面边界条件的弹性介质中波传播理论某些问题的新解法,并引入了欧几里得空间中共轭函数的概念;在偏微分方程、变分学、应用数学方面也取得了重要成果;他还开创了地震学理论的新的研究方向.

2. 斯米尔诺夫长期领导物理数学史委员会工作,为出版奥斯特罗格拉德斯基、李雅普诺夫(1857—1918)、克雷洛夫等的著作,做出了巨大的努力.

3. 斯米尔诺夫是位数学教育家,非常重视高等数学教材建设.他著的《高等数学教程》(共 5 卷),重印了 20 多次.还被翻译成几种国家的文字出版,中文版也重印过多次(高等教育出版社从 1952 年起出版各卷).

斯米尔诺夫曾获斯大林奖金;1967 年获苏联社会主义劳动英雄称号;还曾获列宁勋章和其他许多勋章、奖章.

另一位是 N.V. 斯米尔诺夫 (Nikolai Vasil'evič Smirnov(Николай Васильевич Смирнов),1900—1966).1900 年 10 月 17 日生于莫斯科.第一次世界大战期间在前线做医疗救护工作.十月革命后加入红军.1921 年复员后考入莫斯科大学,毕业后在莫斯科一些高校工作.1938 年获数学物理学博士学位.同年开始在苏联科学院数学研究所从事研究.1939 年成为教授.1960 年成为苏联科学院通讯院士,同年开始主持该院数理统计研究室的工作.1966 年 6 月 2 日逝世.

斯米尔诺夫主要研究数理统计和概率论.在非参数统计、变分级数的项的分布以及其他概率论、数理统计问题上取得了许多成果;对概率论的极限定理理论,提出了斯米尔诺夫判别法.他所编著的涉及概率论及数理统计的应用的教材和教学参考书在苏联和许多其他国家被广泛采用.他与鲍尔舍夫合作编制的多种数理统计表继承了斯卢茨基开创的这一重要工作,为现代计算数学做出了贡献.1970 年由鲍尔舍夫主持出版了他的著作选.

斯米尔诺夫是苏联国家奖金获得者,并曾被授予劳动红旗勋章和多种奖章.本书作者是第一位斯米尔诺夫.

作为本书的策划编辑,理应在书后介绍一点重版的理由,其实就是要说明为什么我们要向俄罗斯学习,要对俄罗斯优秀的数学传统表示敬畏.正在为此捻断数根须之际,在微信公众号"赛先生"2016 年 6 月 25 日上的一篇由数学家张羿写的题为《顶级俄国数学家是怎样炼成的》的文章,正好回答了这一疑问.经作者同意转录于后.

顶级俄国数学家是怎样炼成的?

在过去的半个世纪中,俄国的顶尖大学产生了全世界近 25% 的菲尔兹奖得主.科研与教学相结合是俄式教育的一大亮点,也是其能培养出大批非常年轻的顶尖科学家的原因之一.此外,俄国的科研院所气氛宽松自由,所谓领导的任务就是制造环境、创造气氛,使研究人员不受外部环境的干扰,全力投入到研究中去.20世纪50年代,中国基本照搬了苏联的科研教育体系,但我们只抄来了形式,并没有真正地将如何协调、配合、鼓励创新的俄国精髓学到手.

俄国的精英教育起源于彼得大帝时代.我们熟知的莫斯科大学、圣彼得堡大学,包括今日的列宾美术学院等①,从建成的第一天起,其目标就很明确,即培养西式精英人才.这使得俄国在过去一段时间里,在科技、艺术、文化等几乎各个领域都产生了大量的明星,成为世界上唯一一个可以和美国拿奖数量相接近的超级大国.其在昔日帝国时代提出的"我们要向欧洲学习,但我们一定要超越欧洲"的口号激励着一代又一代的俄国青年在各个领域努力成为精英.

俄国的精英教育基本上学自法国模式,只是它的规模更大、更系统,且目标更明确.俄国人把这一系统用在人文、艺术、体育,乃至科学等各个方面,尽管因为专业的不同而略有调整,但基本思想是一致的.

下面笔者将以数学为例,简述这一教育系统.对于数学精英,俄国人大致是这样定义的:

- 首先,他应该在约22岁时解决一个众多著名数学家都不能解决的大问题(即证明大定理),并将成果公开发表出来.这个问题或定理有多大,也多少决定了他未来的成就有多大.
- 在30~35岁时,在前面解决各种实际问题的基础上建立自己的理论,并为同行接受.
- 在40~45岁,在国际学术界建立自己的学派,有相当数量的跟随者.

培养数学精英,从初中开始

俄国中学、大学的精英教育基本上是为学生能够达到第一步而设计的.但同时,它有各类的文化教育、社会教育等为后两步打基础.

俄罗斯的精英教育始于初中阶段.以数学为例,在学生小学即将毕业时,他

---

① 俄国在彼得大帝改革之时,早就有着自己的文化传统,然而彼得大帝的改革是要将俄国拉向西方,建立大学也是为了培养西式人才.俄国大学(如莫斯科大学、圣彼得堡大学等)从一开始就与旧的俄国传统文化无关,而且从一开始,就定位在培养顶级精英人才.在学生来源上也是这样,宁缺毋滥.据笔者所知,圣彼得堡大学刚开始创办时,学生的人数少得可怜,只有7人.但同时,为了培养真正的人才,学校的大门又是向全社会敞开的,即便是农奴,只要有才能,也可以进入大学学习,并得到各类资助而成为大师.例如,18~19世纪的 Andrey Veronikin 就是农奴出身,最终因其在建筑、艺术等多方面的成就而被选为俄罗斯科学院的院士,成为永垂史册的人物.类似的例子很多,这是笔者知道的最典型的一例.从大学创建之初直至今日,对传统俄国文化的学习仍在继续,但大学等当时的新生事物建立在圣彼得堡,所以新、旧两种教育体系基本相安无事,但切割得很清楚,没有利益上的冲突.新的大学尽管起步艰难,但最后终于成为主流,成为俄国乃至世界科学文化明星的摇篮.

们可以从全国公开发行的一本数学物理科普杂志 Quant(KBAHT)[①] 中得到一份试题.学生可以把自己做好的试题答案寄到其所在城市的指定部门,再由专家评阅试卷,成绩得出之后,城市的指定部门再组织对通过笔试的同学进行口试.对学生进行口试的人员包括中学教师、大学教授及科学研究所的研究人员.被选中的同学将进入所谓的"专业中学"(如果是数学,即数学中学)学习,三年以后初中升高中时,将有一次考试(淘汰),弱者将转入普通高中.

在莫斯科或圣彼得堡这样的城市中,一般都有四五所这种以数学为主的中学.在这里,学生们将接受普通的中学教育(包括相当多的文化、艺术以及其他的基本科学知识课程)以完成其人生必备的基本知识,但一半左右的时间将花在数学学习上.每周他们还有两个下午去城市少年宫,在那里,有俄国的顶级数学大师[②],如柯尔莫戈洛夫(Andrey Kolmogorov,1903—1987)、盖尔范特(Iserale Gelfand,1913—2009)、马蒂雅谢维奇(Yuri Matiyasevich,1947—)等,为他们讲授数学课.这些课程的讲稿经过整理后也大都会发表在 Quant 这一类科普性质的数学物理杂志上.这一杂志影响极广,在欧美国家有着众多的读者,包括大学教授、中学老师、学生等.这种少年宫课程一般都设计得深入浅出,与前沿数学研究中重大问题的提出、现在发展的阶段乃至其解决紧密相连.为了让学生理解并掌握好内容,科学院联合大学一起为这一类课程配备了大量的助教,这些助教一般包括大学三年级以上的数学系学生和各级大学教师、科研人员等,并且他们以前也都是毕业于这种数学专业中学的学生,基本上每三位中学生配备一位助教,这特别类似于法国巴黎高师中的辅导员(tutor).

夏天时,数学中学的同学们还将在老师的带领下去黑海海滨等地的度假胜地参加夏令营.在那里,他们一边学习提高,一边玩耍.同时,他们会遇到国内其他城市地区乃至部分外国来的数学中学生,大家可以彼此增进了解,几年下来,慢慢会形成一个所谓的圈子[③].在夏令营中,还有众多来教课、辅导的科研人员、大学生、中学老师等.笔者认识的许多俄国著名数学家(有的已在20世纪90年代移民西方了)都会在夏天时去这些夏令营辅导学生、认识学生,同时去发现那些有才华、有潜力的中学生,以吸引他们进入数学研究领域.有些极有才华的中学生正是通过这种方式在高中时就和科学院或大学中的科研人员建立联系,并进入他们的讨论班开始做研究工作的.

因为这一制度,有许多知名的俄国数学家在18岁上大学一年级时(或在此之前)就取得了重要的成果,并且将论文发表在国际顶级数学杂志上.该制度

---

① 这是一份创立于1970年,以数学和物理为主要专业的科普杂志,其对象是普通大众和学生.该杂志在俄国、欧美都有众多读者.

② 俄国的顶级数学大师也是世界的顶级数学大师.

③ 这一圈子可以说对他们终身都有很大影响,尤其是在学术职业生涯上的互相帮助等方面.

激发了优秀"天才"少年的活力,使他们能有用武之地,这一点是极其重要的!俄式教育强调基础,无论是在科学,还是在体育、表演、艺术等诸多方面都非常出色,这一点也为中国人所熟知,但它还有我们不了解的另一面,就是更注重实践. 在数学(乃至大多数科学领域)上就是鼓励研究、创新,去解决实际问题、大问题. 另一点值得指出的是,数学中学与少年宫、数学夏令营的教育本身也是一个系统工程. 它把中学数学知识、奥林匹克性质的数学竞赛技巧、大学各门数学课程的基本数学理念与思想、前沿问题等巧妙地结合在了一起. 它使得一小部分学生从高中转入大学以后,立刻就能进入研究状态并开始实质性有意义的研究,即攻克著名数学难题. 从高中进入大学以后,这些数学学生中只有少数人能剩下来,继续作为潜在的专业数学家被培养. 在我们熟悉的莫斯科大学、圣彼得堡大学等部分高校里,每个学校会有一个由大约三十人组成的"精英"数学班来继续这部分人的数学学习与研究. 笔者在此想指出,这些大学的数学系中当然还有众多别的数学学生,但他们的培养方向、要求等各方面都是不一样的①,甚至他们将来的毕业文凭都是不一样的②.

对于这些所谓的精英学生(乃至一般的普通学生),他们在选课学习上有相当大的自由度. 例如,莫斯科大学、圣彼得堡大学的学生,可以去科学院的斯捷克洛夫(Steklov)数学研究所的专业讨论班中去学习,还可以去别的大学中修习一些本校没有开设的课程,甚至可以去别的学校(科研院所)选择自己喜欢的教师的课程等. 同时,他们也可以在一入大学(甚至在入大学之前),就跟从科学院的研究所中的一些科研人员进行研究、写论文等. 这种科研与教学相结合的模式是俄式教育的一大亮点,也是为什么俄国能够培养出大批非常年轻的科学家的原因之一.

等大学二年级结束时,这三十几位精英学生的大部分已在学习过程中被淘汰了,只有五六名能剩下来,此时他们基本都已证明了可以令他们终生为之骄傲的定理,并开始撰写论文,且都已将论文发表出来了. 他们活跃在名师的讨论班里,向着新的目标前进. 他们的前程在此时也已基本上根据这时的成就而多少确定下来,即成为研究型的数学工作者.

笔者想在此指出,在俄国研究型大学的数学系中,有相当数量的课程供学生自由选择,绝非像我们的学校那样强迫学生去学那些必修课、限制性选修课

---

① 他们的培养方式有些类似于我们 20 世纪 50 年代从苏联学到的那一套比较正规的、严格的数学教育. 如今这套教育在中国已经大大缩了水,原因是我们大学的数学系不断扩招,且 20 世纪 90 年代以后又开始向美国学习其大众教育模式,所以目前我国高等学校的数学教育完全就不是为了打造精英而设置的.

② 俄国的大学文凭(Diploma)相当于美国或中国的硕士,有普通文凭和红色文凭两种,极少数优秀学生能拿到红色文凭.

乃至公共课①. 而许多做出过好的科研工作的数学学生甚至可以免掉大部分的课程,以保证他们在黄金创造期间不停地去深入研究学术. 许多俄国大数学家是在副博士毕业以后留校任教期间通过教书来学习普通大学生必须掌握的数学知识的②.

攻克难题,成为精英的关键一步

在俄制大学中,被选入精英小组的学生在二年级下半学年(第二学期)将按要求在一个学期左右的时间内完成他们的第一篇学术论文. 对数学而言,这篇论文的结果必须是解决学科中的某个重要公开问题,而回顾、综述之类的论文是不允许的. 论文成绩的好坏也基本上决定了该学生的学术前途,即是否能进入科学院的顶级研究所成为研究人员,或进入俄国顶级大学成为教师,等等. 值得强调的是,在俄式数学精英教育体制中,要求学生(或未来的精英数学家)必须在 22 岁左右公开发表论文正是由这一在二年级下半学年结束时写出论文的措施决定的. 该措施能够得以施行,对老师、学生的质量都有相当高的要求③.

这里例子有很多,比如柯尔莫戈洛夫将希尔伯特第 13 问题给了阿诺德(Arnold,1937—2010,曾获克拉福德奖、沃尔夫奖),马斯洛夫(Sergey Maslov)将希尔伯特第 10 问题给了马蒂雅谢维奇等. 解决这类数学问题本身是任何一

---

① 我们的学校应该学着尊重学生的选择,而不是强迫他们接受学校的安排. 笔者在美国的 Rutgers 大学哲学系念书时,在数学系、语言学系、心理学系、计算机系乃至艺术史系都修习过研究生课程,从来没觉得 Rutgers 大学强迫我学过任何一门课程. 我们国内的许多做法(如学校的课程安排、教学管理等)是为了便于外行进行管理,而不是为了培养人才而设立的.

② 其实,许多欧美顶级大学都有类似的情况. 例如笔者的博士导师 Simon Thomas 在伦敦大学博士毕业以后还没学过"泛函分析"课,那时他才 23 岁,已解决了简单群分类这一重要问题,并因此拿到了耶鲁大学的教职.

③ 这里所说的精英学生在第二学年下半年用一学期左右完成第一篇学术论文,在完成论文的时间长短方面是有一定弹性的,有时为了彻底解决一个大问题,会拖上一两年的时间. 这一时间尺度基本上由学生的导师和他(她)所在的研究室主任来把握,如果时间过长,导师与研究室主任将不得不承受巨大的压力. 例如,笔者曾经听到著名的逻辑学家沙宁(Shanin)讲起过马蒂雅谢维奇用了近两年的时间才解决了希尔伯特第 10 问题. 在接近问题最终解决的关键时刻,大学乃至研究所里的行政人员开始不停地找沙宁谈话,希望马蒂雅谢维奇拿出"应有"的成果. 对于沙宁来说,这种压力是巨大的,他不得不要求马蒂雅谢维奇找一些在解决希尔伯特第 10 问题之前所做的小结果以应付来自各方的压力. 但同时,沙宁觉得马蒂雅谢维奇绝对有希望拿下希尔伯特第 10 问题,因此尽全力保护马蒂雅谢维奇,使他能够不受干扰并最终将问题解决掉. 在精英教育中,对导师乃至导师的上级领导的素质都有着很高的要求,如何协调行政与科研教学的关系是我们的大学中亟待解决的问题,如果我们要发展精英教育,这一点则更为重要.

位数学家都想得到的荣誉,我们完全可以相信柯尔莫戈洛夫和马斯洛夫本人对如何解答希尔伯特第 13、第 10 问题是根本不知道的,但他们对自己的学生的数学能力有着相当的了解,故此可以直截了当将问题告诉学生. 对学生而言,拿到这类问题之后的前途基本上有两种:一是把前人有关该问题的部分结果做些修补,再添些新的部分结果;二是直截了当地将问题彻底解决掉. 选择后者的学生很难从老师那里得到真正"具体"的帮助,因为老师也不可能知道答案,但作为老师,他知道前人失败的教训,知道问题难在哪里,为什么有些路走不通(或者可能走得通,但在什么地方必须克服什么样的困难). 更重要的是,这些伟大的数学导师们作为国际数学家核心圈子的成员,他们对问题是否到了该被解决的时刻本身有着敏锐的洞察力与基本直觉,这一点对圈外的人而言是很难觉察到的. 因此他们可以在对学生有相当了解的情况下将问题在合适的时机告诉某个学生,并期望他(她)能成功地解决问题[①].

  对于精英小组的学生们而言,二年级下半学年的论文选题是他们步入学术界最关键的几步之一. 可以说,他们为此已经做了多年的准备. 此时,他们要在自己诸多非常熟悉的老师们当中选择一位作为自己今后多年的导师. 一般来说,每个学生会在听课、讨论班,以及私下接触的基础上先去和三位(有时甚至是四位)老师进行接触,慎重考虑他们给出的研究问题,并同时要考虑多种其他因素,如自己是否愿意和某位老师长期共事,大家性格是否合得来,等等. 当然,学生此时首先考虑的是自己的兴趣,然后是从老师那里得到的题目的难度,以及自己有多少把握,等等. 但老师的非学术因素,如人品、性格、爱好,在此时也对学生的选择起着重要作用.

  在经过极其慎重的考虑之后,学生最终自己做出最后的决定. 对于一位 18~19 岁的青年人来说,这一选择并不容易. 其实,在俄国的知识分子家庭(或世家)中,在这样的关键时刻,许多时候学生父母的意见是很重要的. 有的

---

  ① 笔者这样写,也许多少有些唯心论的味道,但在数学界,许多大问题在解决之前的确是有先兆的,而这种先兆可以多少被圈内的大数学家(们)觉察到(只不过这些大数学家本人在该问题上已是"江郎才尽",没有什么新主意、新思想去克服解决该问题所要面临的诸多困难).

  我们可以举几个现成的例子. 美国数学家马丁·戴维斯(Martin Davis)在 20 世纪 60 年代末即感觉到希尔伯特第 10 问题应该快被解决了,他甚至有直觉这一问题可能会被一位极年轻的俄国数学家解决,他唯一没猜到的是马蒂雅谢维奇的名字. 群论中的 Burnside 问题被俄国数学家 Peter Novikov 和他的学生 Sergey Adian 及英国数学家共同猜到,而最终由 Peter Novikov 和 Sergey Adian 联合解决. 在 20 世纪 50 年代初期,20 世纪最伟大的逻辑学家哥德尔(K. Godel)就已模模糊糊地猜到了乔治·康托的连续统假设(即希尔伯特第 1 问题)的独立性,并为此写了一篇结合数学和哲学的颇具科普色彩的文章来阐释他的观点. 最后这一问题在 20 世纪 50 年代末、60 年代初由年轻的 Paul Colien 在发明了新的数学工具——力迫法的基础上将其解决. 在我国吵得沸沸扬扬的庞加莱猜想(Poincaré Conjecture),丘成桐、汉密尔顿(Hamiton)等人都猜到了它有可能将被解决掉,最后由俄罗斯圣彼得堡的佩雷尔曼(G. Perelman)将其成功解决.

时候,学生也会听取他本人从中学时形成的那个精英学生圈子内的"学生长辈"或是他(她)曾经的辅导员们的意见.选择什么样的题目、进入什么样的领域或哪一个分支等,这些对学生来说,有时候是很难把握的.尤其对于某个学科将来的走向,或者某些新兴学科的前途,学生不仅要经过慎重思考,许多时候也不得不多方咨询之后,才能做出决定.另一方面,有的学生不仅志向高远,而且有极其超常的能力和解决问题的欲望,他们会选择最艰难的著名问题,如我们前面提到的阿诺德、马蒂雅谢维奇等人.但我们必须指出,这种选择是有其冒险性的,我们知道的只是成功者的姓名.笔者遇到过一些失败者,他们早已被普通人忘记了,只有他们过去的同学或曾经的学生们还记得甚至欣赏他们的才华和勇气.尽管对某些人来说,俄国精英教育机制是残酷的,但无可否认,这一制度产生了大量的年轻精英人才,成就了20世纪苏联科学界一个群星灿烂的时代.

在拿到副博士学位以后,俄国的科学家们开始进入大学或研究所"正式"工作.与法国一样,如果他们要拿到相当于大学教授的高级职位,必须要再继续努力,写出所谓的"科学博士"论文.需要指出的是,俄国的科学博士论文水平极高,如果不是解决行业中的顶尖大问题(从数学上讲,应是拿到菲尔兹奖级别的工作),则必须是建立理论体系的大工程.以数学为例,美国数学学会专门组织专家将所有俄国数学方面的科学博士论文翻译成英文,可见对它的重视程度,同时,也是对俄国数学的尊敬[①].

俄国的大学与科研院所是一个大型的系统工程,为俄国精英在毕业以后的发展,也为年轻精英的培养提供了舞台、条件及各种职业上的保障.中国在20世纪50年代时从苏联基本照搬了俄国模式,但是,我们只抄来了形式,并没有真正地将如何协调、配合、鼓励创新的精髓学到.

在俄国的主要高等教育发达城市(如莫斯科、圣彼得堡、新西伯利亚、喀山等)中,都有大学(包括综合性大学、师范类院校、理工大学,以及各类更专业的工科、文科、艺术院校)以及一些科学院的研究所.大学担负着教学任务,而各种研究所是科研潮流与时尚的引领者.俄国大学中的许多老师一般都在研究所中担任一定的正式职位(有半职的,有四分之一职的),在完成教学任务以后,他们都主动去研究所参加各种科研活动,并辅导在所里学习、研究的年轻学生们.这一办法使得研究所里的老师和大学里的学生都有了更多的选择,比如圣彼得堡大学的数学老师可以通过斯捷克洛夫研究所来正式辅导圣彼得堡师范大学的数学系学生写作论文,指导其进行研究;斯捷克洛夫研究所的研究人员可以

---

① 其实,美国数学学会、伦敦数学学会联合起来,将俄国几乎所有的知名综合数学杂志,以及众多的专业数学杂志一字不漏地全部翻译成英文,这本身就说明问题.同时,大量的俄国教科书被翻译成英文等多种文字在全世界发行并应用,也说明了人们对这一教育、科研体系的认可.

指导俄国各大学的数学系学生进行论文写作、研究,这样可以使有限的教师资源得到更合理的配置与利用.

从另一方面讲,科学院的研究所里的科研人员大都会在当地的大学中兼职授课,有的资深学术大师同时还是大学里的教研室主任,通过教学(包括对大学教师的直接影响、接触等)来传授他们的学术见解与理念.通过在大学中教课,他们也可以及时发现有潜力的学生,将他们及早地吸收到科研队伍中来.与此同时,研究所本身还举办各种讨论班、演讲、系列课程等,这些活动大都安排在下午 5 点以后,使得周边的大学、中学的专业教师和有兴趣的学生能够找到时间来参加这些活动,为他们提高自己的科研水平创造机会.研究所与大学既竞争又合作的互动关系是我们当年没能从苏联学到的东西[①].

中国在 20 世纪 50 年代向苏联学习,照搬照抄了苏联的高等教育模式,将苏联的教材、课程设置等一律搬过来.然而,我们好像没有学到俄式教育的灵魂[②].其实,俄国大学尽管设置了这些课程,用的教材我们也曾用过,但如何教、怎么教才是最关键的.比如在圣彼得堡大学,学生的基础课都是由一流的有过辉煌科研成果的资深教授来讲授的(比如逻辑入门课常常由马蒂雅谢维奇讲授,几何介绍由布莱格(Yuri Burago)讲授,传统分析由 Sergey Kisliyakov 讲授等).他们在讲授这些大学入门课时,也绝不是照本宣科,而是结合着当代的研究潮流与最新成果一起来讲授.同时,他们在讲课时对所讲的内容不时做出判断、评价,并指出新的研究问题,这才是课程真正的精彩之处,这些也是课程的核心和灵魂.对于书上的内容,学生自己要花时间去读去想,每门课程还配有习题课,习题课的老师一般是中年或青年教师,他们在专业研究领域极其活跃,具有过硬的专业技术,同时也愿意花大量的时间与学生去想一些艰难的技术问题.在学习正常基础课的同时,学生可以自由地去修习各种讨论班.在莫斯科大学、圣彼得堡大学这些顶级学校的数学系中,各种专业的数学讨论班每年有不下一百个,为学生提供了丰富的选择[③].正是这种自由的学术氛围激发着年轻学生的热情,同时,也为教师的科研提供着动力.

无论是在科学院还是大学,教课或领导研究的老师要对学生(尤其是精英学生)有足够的了解,即对他们的科研潜力、兴趣等都要有正确的估计.如前所

---

① 如何发展大学与科学院下属研究院所的功能,使之更有效地联合起来为培养中国高端人才做出实质贡献是我们今天所面临的一个严肃而且紧迫的课题.

② 笔者想指出,在过去的半个世纪中,俄国的顶尖大学(如莫斯科大学、圣彼得堡大学、新西伯利亚大学等)产生了全世界近 25% 的菲尔兹奖得主,每个大学都有多名诺贝尔奖得主(不包括文学奖、和平奖).

③ 当然,我们不得不看到,能够组织如此众多的讨论班需要学校本身拥有众多的人才,这些人才可以全身心地投入到他们的科研事业(外加部分组织工作)中.

述,俄国学生如果要进入职业数学家的圈子,就必须在 22 岁左右拿下大问题(这个问题一定是行业内的著名难题,且被别的名家试过而没被做出来的).学生固然要战胜挑战,但老师在这里的作用(包括选题等)是必不可少的,如何指导学生达到这一步,对老师的智慧也是极大的挑战.

而在另一方面,大学与科研院所也要在制度上提供各种保障.尽管我们看每位成功的俄国数学家(科学家)好像各有各的故事,有些人甚至还常常与领导发生各类冲突,但总的来说,俄国的科研院所是相当宽松自由的,而科研院所的所谓领导们的任务就是制造环境、创造气氛,使研究人员不受外部环境的干扰,全力投入到研究中去.以著名的斯捷克洛夫研究所为例,该所五年才考核一次,常有人五年什么成果也没有,甚至十年过去了还没有,如果一个研究人员十年没有一篇论文,他(她)也只不过到所长那里去解释一下,他(她)在这段时间里到底在做什么,思考什么问题,遇到了什么困难,等等.据说斯捷克洛夫研究所还没有出过一个一事无成的研究人员,如果有什么人写的文章不多,他必定是做出了可以载入史册的工作(如马蒂雅谢维奇、佩雷尔曼),或者他培养出了一群星光灿烂的学生(如布莱格).

不难看出,源于苏联的俄式精英教育系统要远远比法国的复杂,并且它是一个牵涉到中学、大学、科学院乃至许多政府职能部门的一个庞大的系统工程,它的投入以及对各种人力资源的调用是相当巨大的.如果我们要学习这一系统,不可能是某个大学、某个地方(大概除北京以外)可以去仿效的.尽管我们在建国初期模仿了苏联的教育系统、科研院所模式,但直到现在,我们也没能积聚起如此大量的高级人力资源.所以,我们能做的也只能是像美国或其他欧洲国家,如英、法、德乃至日本那样,以各种方式引进其高端人力资源为我们的科研和教学服务.

有一个胖子的自嘲是这样的:书,买过等于读过;化妆品,摸过等于化过;健身卡,办过等于练过;唯有吃的,买了肯定吃完.

不过对于这套书一定要知道,买过、读过才能算自己的.

刘培杰
2017.2.4
于哈工大

刘培杰数学工作室
已出版(即将出版)图书目录——高等数学

书　名	出版时间	定　价	编号
距离几何分析导引	2015—02	68.00	446
大学几何学	2017—01	78.00	688
关于曲面的一般研究	2016—11	48.00	690
近世纯粹几何学初论	2017—01	58.00	711
拓扑学与几何学基础讲义	2017—04	58.00	756
物理学中的几何方法	2017—06	88.00	767
几何学简史	2017—08	28.00	833
微分几何学历史概要	2020—07	58.00	1194
解析几何学史	2022—03	58.00	1490
复变函数引论	2013—10	68.00	269
伸缩变换与抛物旋转	2015—01	38.00	449
无穷分析引论(上)	2013—04	88.00	247
无穷分析引论(下)	2013—04	98.00	245
数学分析	2014—04	28.00	338
数学分析中的一个新方法及其应用	2013—01	38.00	231
数学分析例选:通过范例学技巧	2013—01	88.00	243
高等代数例选:通过范例学技巧	2015—06	88.00	475
基础数论例选:通过范例学技巧	2018—09	58.00	978
三角级数论(上册)(陈建功)	2013—01	38.00	232
三角级数论(下册)(陈建功)	2013—01	48.00	233
三角级数论(哈代)	2013—06	48.00	254
三角级数	2015—07	28.00	263
超越数	2011—03	18.00	109
三角和方法	2011—03	18.00	112
随机过程(Ⅰ)	2014—01	78.00	224
随机过程(Ⅱ)	2014—01	68.00	235
算术探索	2011—12	158.00	148
组合数学	2012—04	28.00	178
组合数学浅谈	2012—03	28.00	159
分析组合学	2021—09	88.00	1389
丢番图方程引论	2012—03	48.00	172
拉普拉斯变换及其应用	2015—02	38.00	447
高等代数.上	2016—01	38.00	548
高等代数.下	2016—01	38.00	549
高等代数教程	2016—01	58.00	579
高等代数引论	2020—07	48.00	1174
数学解析教程.上卷.1	2016—01	58.00	546
数学解析教程.上卷.2	2016—01	38.00	553
数学解析教程.下卷.1	2017—04	48.00	781
数学解析教程.下卷.2	2017—06	48.00	782
数学分析.第1册	2021—03	48.00	1281
数学分析.第2册	2021—03	48.00	1282
数学分析.第3册	2021—03	28.00	1283
数学分析精选习题全解.上册	2021—03	38.00	1284
数学分析精选习题全解.下册	2021—03	38.00	1285
函数构造论.上	2016—01	38.00	554
函数构造论.中	2017—06	48.00	555
函数构造论.下	2016—09	48.00	680
函数逼近论(上)	2019—02	98.00	1014
概周期函数	2016—01	48.00	572
变叙的项的极限分布律	2016—01	18.00	573
整函数	2012—08	18.00	161
近代拓扑学研究	2013—04	38.00	239
多项式和无理数	2008—01	68.00	22
密码学与数论基础	2021—01	28.00	1254

刘培杰数学工作室
已出版（即将出版）图书目录——高等数学

书　　　名	出版时间	定　价	编号
模糊数据统计学	2008—03	48.00	31
模糊分析学与特殊泛函空间	2013—01	68.00	241
常微分方程	2016—01	58.00	586
平稳随机函数导论	2016—03	48.00	587
量子力学原理.上	2016—01	38.00	588
图与矩阵	2014—08	40.00	644
钢丝绳原理:第二版	2017—01	78.00	745
代数拓扑和微分拓扑简史	2017—06	68.00	791
半序空间泛函分析.上	2018—06	48.00	924
半序空间泛函分析.下	2018—06	68.00	925
概率分布的部分识别	2018—07	68.00	929
Cartan 型单模李超代数的上同调及极大子代数	2018—07	38.00	932
纯数学与应用数学若干问题研究	2019—03	98.00	1017
数理金融学与数理经济学若干问题研究	2020—07	98.00	1180
清华大学"工农兵学员"微积分课本	2020—09	48.00	1228
力学若干基本问题的发展概论	2020—11	48.00	1262
受控理论与解析不等式	2012—05	78.00	165
不等式的分拆降维降幂方法与可读证明（第2版）	2020—07	78.00	1184
石焕南文集.受控理论与不等式研究	2020—09	198.00	1198
实变函数论	2012—06	78.00	181
复变函数论	2015—08	38.00	504
非光滑优化及其变分分析	2014—01	48.00	230
疏散的马尔科夫链	2014—01	58.00	266
马尔科夫过程论基础	2015—01	28.00	433
初等微分拓扑学	2012—07	18.00	182
方程式论	2011—03	38.00	105
Galois 理论	2011—03	18.00	107
古典数学难题与伽罗瓦理论	2012—11	58.00	223
伽罗华与群论	2014—01	28.00	290
代数方程的根式解及伽罗瓦理论	2011—03	28.00	108
代数方程的根式解及伽罗瓦理论（第二版）	2015—01	28.00	423
线性偏微分方程讲义	2011—03	18.00	110
几类微分方程数值方法的研究	2015—05	38.00	485
分数阶微分方程理论与应用	2020—05	95.00	1182
N 体问题的周期解	2011—03	28.00	111
代数方程式论	2011—05	18.00	121
线性代数与几何:英文	2016—06	58.00	578
动力系统的不变量与函数方程	2011—07	48.00	137
基于短语评价的翻译知识获取	2012—02	48.00	168
应用随机过程	2012—04	48.00	187
概率论导引	2012—04	18.00	179
矩阵论（上）	2013—06	58.00	250
矩阵论（下）	2013—06	48.00	251
对称锥互补问题的内点法:理论分析与算法实现	2014—08	68.00	368
抽象代数:方法导引	2013—06	38.00	257
集论	2016—01	48.00	576
多项式理论研究综述	2016—01	38.00	577
函数论	2014—11	78.00	395
反问题的计算方法及应用	2011—11	28.00	147
数阵及其应用	2012—02	28.00	164
绝对值方程—折边与组合图形的解析研究	2012—07	48.00	186
代数函数论（上）	2015—07	38.00	494
代数函数论（下）	2015—07	38.00	495

刘培杰数学工作室
已出版(即将出版)图书目录——高等数学

书　名	出版时间	定　价	编号
偏微分方程论:法文	2015—10	48.00	533
时标动力学方程的指数型二分性与周期解	2016—04	48.00	606
重刚体绕不动点运动方程的积分法	2016—05	68.00	608
水轮机水力稳定性	2016—05	48.00	620
Lévy噪音驱动的传染病模型的动力学行为	2016—05	48.00	667
铣加工动力学系统稳定性研究的数学方法	2016—11	28.00	710
时滞系统:Lyapunov泛函和矩阵	2017—05	68.00	784
粒子图像测速仪实用指南:第二版	2017—08	78.00	790
数域的上同调	2017—08	98.00	799
图的正交因子分解(英文)	2018—01	38.00	881
图的度因子和分支因子:英文	2019—09	88.00	1108
点云模型的优化配准方法研究	2018—07	58.00	927
锥形波入射粗糙表面反散射问题理论与算法	2018—03	68.00	936
广义逆的理论与计算	2018—07	58.00	973
不定方程及其应用	2018—12	58.00	998
几类椭圆型偏微分方程高效数值算法研究	2018—08	48.00	1025
现代密码算法概论	2019—05	98.00	1061
模形式的 p-进性质	2019—06	78.00	1088
混沌动力学:分形、平铺、代换	2019—09	48.00	1109
微分方程,动力系统与混沌引论:第3版	2020—05	65.00	1144
分数阶微分方程理论与应用	2020—05	95.00	1187
应用非线性动力系统与混沌导论:第2版	2021—05	58.00	1368
非线性振动,动力系统与向量场的分支	2021—06	55.00	1369
遍历理论引论	2021—11	46.00	1441
动力系统与混沌	2022—05	48.00	1485
Galois上同调	2020—04	138.00	1131
毕达哥拉斯定理:英文	2020—03	38.00	1133
模糊可拓多属性决策理论与方法	2021—06	98.00	1357
统计方法和科学推断	2021—10	48.00	1428
有关几类种群生态学模型的研究	2022—04	98.00	1486
加性数论:典型基	2022—05	48.00	1491
乘性数论:第三版	2022—07	38.00	1528
交替方向乘子法及其应用	2022—08	98.00	1553
吴振奎高等数学解题真经(概率统计卷)	2012—01	38.00	149
吴振奎高等数学解题真经(微积分卷)	2012—01	68.00	150
吴振奎高等数学解题真经(线性代数卷)	2012—01	58.00	151
高等数学解题全攻略(上卷)	2013—06	58.00	252
高等数学解题全攻略(下卷)	2013—06	58.00	253
高等数学复习纲要	2014—01	18.00	384
数学分析历年考研真题解析.第一卷	2021—04	28.00	1288
数学分析历年考研真题解析.第二卷	2021—04	28.00	1289
数学分析历年考研真题解析.第三卷	2021—04	28.00	1290
超越吉米多维奇.数列的极限	2009—11	48.00	58
超越普里瓦洛夫.留数卷	2015—01	28.00	437
超越普里瓦洛夫.无穷乘积与它对解析函数的应用卷	2015—05	28.00	477
超越普里瓦洛夫.积分卷	2015—06	18.00	481
超越普里瓦洛夫.基础知识卷	2015—06	28.00	482
超越普里瓦洛夫.数项级数卷	2015—07	38.00	489
超越普里瓦洛夫.微分、解析函数、导数卷	2018—01	48.00	852
统计学专业英语(第二版)	2012—07	48.00	176
统计学专业英语(第三版)	2015—04	68.00	465
代换分析:英文	2015—07	38.00	499

刘培杰数学工作室
已出版(即将出版)图书目录——高等数学

书 名	出版时间	定价	编号
历届美国大学生数学竞赛试题集.第一卷(1938—1949)	2015—01	28.00	397
历届美国大学生数学竞赛试题集.第二卷(1950—1959)	2015—01	28.00	398
历届美国大学生数学竞赛试题集.第三卷(1960—1969)	2015—01	28.00	399
历届美国大学生数学竞赛试题集.第四卷(1970—1979)	2015—01	18.00	400
历届美国大学生数学竞赛试题集.第五卷(1980—1989)	2015—01	28.00	401
历届美国大学生数学竞赛试题集.第六卷(1990—1999)	2015—01	28.00	402
历届美国大学生数学竞赛试题集.第七卷(2000—2009)	2015—08	18.00	403
历届美国大学生数学竞赛试题集.第八卷(2010—2012)	2015—01	18.00	404
超越普特南试题:大学数学竞赛中的方法与技巧	2017—04	98.00	758
历届国际大学生数学竞赛试题集(1994—2020)	2021—01	58.00	1252
历届美国大学生数学竞赛试题集:1938—2017	2020—11	98.00	1256
全国大学生数学夏令营数学竞赛试题及解答	2007—03	28.00	15
全国大学生数学竞赛辅导教程	2012—07	28.00	189
全国大学生数学竞赛复习全书(第2版)	2017—05	58.00	787
历届美国大学生数学竞赛试题集	2009—03	88.00	43
前苏联大学生数学奥林匹克竞赛题解(上编)	2012—04	28.00	169
前苏联大学生数学奥林匹克竞赛题解(下编)	2012—04	38.00	170
大学生数学竞赛讲义	2014—09	28.00	371
大学生数学竞赛教程——高等数学(基础篇、提高篇)	2018—09	128.00	968
普林斯顿大学数学竞赛	2016—06	38.00	669
考研高等数学高分之路	2020—10	45.00	1203
考研高等数学基础必刷	2021—01	45.00	1251
考研概率论与数理统计	2022—06	58.00	1522
越过211,刷到985:考研数学二	2019—10	68.00	1115
初等数论难题集(第一卷)	2009—05	68.00	44
初等数论难题集(第二卷)(上、下)	2011—02	128.00	82,83
数论概貌	2011—03	18.00	93
代数数论(第二版)	2013—08	58.00	94
代数多项式	2014—06	38.00	289
初等数论的知识与问题	2011—02	28.00	95
超越数论基础	2011—03	28.00	96
数论初等教程	2011—03	28.00	97
数论基础	2011—03	18.00	98
数论基础与维诺格拉多夫	2014—03	18.00	292
解析数论基础	2012—08	28.00	216
解析数论基础(第二版)	2014—01	48.00	287
解析数论问题集(第二版)(原版引进)	2014—05	88.00	343
解析数论问题集(第二版)(中译本)	2016—04	88.00	607
解析数论基础(潘承洞,潘承彪著)	2016—07	98.00	673
解析数论导引	2016—07	58.00	674
数论入门	2011—03	38.00	99
代数数论入门	2015—03	38.00	448
数论开篇	2012—07	28.00	194
解析数论引论	2011—03	48.00	100
Barban Davenport Halberstam 均值和	2009—01	40.00	33
基础数论	2011—03	28.00	101
初等数论100例	2011—05	18.00	122
初等数论经典例题	2012—07	18.00	204
最新世界各国数学奥林匹克中的初等数论试题(上、下)	2012—01	138.00	144,145
初等数论(Ⅰ)	2012—01	18.00	156
初等数论(Ⅱ)	2012—01	18.00	157
初等数论(Ⅲ)	2012—01	28.00	158

刘培杰数学工作室
已出版（即将出版）图书目录——高等数学

书　名	出版时间	定　价	编号
Gauss,Euler,Lagrange 和 Legendre 的遗产:把整数表示成平方和	2022-06	78.00	1540
平面几何与数论中未解决的新老问题	2013-01	68.00	229
代数数论简史	2014-11	28.00	408
代数数论	2015-09	88.00	532
代数、数论及分析习题集	2016-11	98.00	695
数论导引提要及习题解答	2016-01	48.00	559
素数定理的初等证明.第2版	2016-09	48.00	686
数论中的模函数与狄利克雷级数(第二版)	2017-11	78.00	837
数论:数学导引	2018-01	68.00	849
域论	2018-04	68.00	884
代数数论(冯克勤　编著)	2018-04	68.00	885
范氏大代数	2019-02	98.00	1016
新编640个世界著名数学智力趣题	2014-01	88.00	242
500个最新世界著名数学智力趣题	2008-06	48.00	3
400个最新世界著名数学最值问题	2008-09	48.00	36
500个世界著名数学征解问题	2009-06	48.00	52
400个中国最佳初等数学征解老问题	2010-01	48.00	60
500个俄罗斯数学经典老题	2011-01	28.00	81
1000个国外中学物理好题	2012-04	48.00	174
300个日本高考数学题	2012-05	38.00	142
700个早期日本高考数学试题	2017-02	88.00	752
500个前苏联早期高考数学试题及解答	2012-05	28.00	185
546个早期俄罗斯大学生数学竞赛题	2014-03	38.00	285
548个来自美苏的数学好问题	2014-11	28.00	396
20所苏联著名大学早期入学试题	2015-02	18.00	452
161道德国工科大学生必做的微分方程习题	2015-05	28.00	469
500个德国工科大学生必做的高数习题	2015-06	28.00	478
360个数学竞赛问题	2016-08	58.00	677
德国讲义日本考题.微积分卷	2015-04	48.00	456
德国讲义日本考题.微分方程卷	2015-04	38.00	457
二十世纪中叶中、英、美、日、法、俄高考数学试题精选	2017-06	38.00	783

书名	出版时间	定价	编号
博弈论精粹	2008-03	58.00	30
博弈论精粹.第二版(精装)	2015-01	88.00	461
数学 我爱你	2008-01	28.00	20
精神的圣徒　别样的人生——60位中国数学家成长的历程	2008-09	48.00	39
数学史概论	2009-06	78.00	50
数学史概论(精装)	2013-03	158.00	272
数学史选讲	2016-01	48.00	544
斐波那契数列	2010-02	28.00	65
数学拼盘和斐波那契魔方	2010-07	38.00	72
斐波那契数列欣赏	2011-01	28.00	160
数学的创造	2011-02	48.00	85
数学美与创造力	2016-01	48.00	595
数海拾贝	2016-01	48.00	590
数学中的美	2011-02	38.00	84
数论中的美学	2014-12	38.00	351
数学王者　科学巨人——高斯	2015-01	28.00	428
振兴祖国数学的圆梦之旅:中国初等数学研究史话	2015-06	98.00	490
二十世纪中国数学史料研究	2015-10	48.00	536
数字谜、数阵图与棋盘覆盖	2016-01	58.00	298
时间的形状	2016-01	38.00	556
数学发现的艺术:数学探索中的合情推理	2016-07	58.00	671
活跃在数学中的参数	2016-07	48.00	675

刘培杰数学工作室
已出版(即将出版)图书目录——高等数学

书　　名	出版时间	定　价	编号
格点和面积	2012—07	18.00	191
射影几何趣谈	2012—04	28.00	175
斯潘纳尔引理——从一道加拿大数学奥林匹克试题谈起	2014—01	28.00	228
李普希兹条件——从几道近年高考数学试题谈起	2012—10	18.00	221
拉格朗日中值定理——从一道北京高考试题的解法谈起	2015—10	18.00	197
闵科夫斯基定理——从一道清华大学自主招生试题谈起	2014—01	28.00	198
哈尔测度——从一道冬令营试题的背景谈起	2012—08	28.00	202
切比雪夫逼近问题——从一道中国台北数学奥林匹克试题谈起	2013—04	38.00	238
伯恩斯坦多项式与贝齐尔曲面——从一道全国高中数学联赛试题谈起	2013—03	38.00	236
卡塔兰猜想——从一道普特南竞赛试题谈起	2013—06	18.00	256
麦卡锡函数和阿克曼函数——从一道前南斯拉夫数学奥林匹克试题谈起	2012—08	18.00	201
贝蒂定理与拉姆贝克莫斯尔定理——从一个拣石子游戏谈起	2012—08	18.00	217
皮亚诺曲线和豪斯道夫分球定理——从无限集谈起	2012—08	18.00	211
平面凸图形与凸多面体	2012—10	28.00	218
斯坦因豪斯问题——从一道二十五省市自治区中学数学竞赛试题谈起	2012—07	18.00	196
纽结理论中的亚历山大多项式与琼斯多项式——从一道北京市高一数学竞赛试题谈起	2012—07	28.00	195
原则与策略——从波利亚"解题表"谈起	2013—04	38.00	244
转化与化归——从三大尺规作图不能问题谈起	2012—08	28.00	214
代数几何中的贝祖定理(第一版)——从一道IMO试题的解法谈起	2013—08	18.00	193
成功连贯理论与约当块理论——从一道比利时数学竞赛试题谈起	2012—04	18.00	180
素数判定与大数分解	2014—08	18.00	199
置换多项式及其应用	2012—10	18.00	220
椭圆函数与模函数——从一道美国加州大学洛杉矶分校(UCLA)博士资格考题谈起	2012—10	28.00	219
差分方程的拉格朗日方法——从一道2011年全国高考理科试题的解法谈起	2012—08	28.00	200
力学在几何中的一些应用	2013—01	38.00	240
高斯散度定理、斯托克斯定理和平面格林定理——从一道国际大学生数学竞赛试题谈起	即将出版		
康托洛维奇不等式——从一道全国高中联赛试题谈起	2013—03	28.00	337
西格尔引理——从一道第18届IMO试题的解法谈起	即将出版		
罗斯定理——从一道前苏联数学竞赛试题谈起	即将出版		
拉克斯定理和阿廷定理——从一道IMO试题的解法谈起	2014—01	58.00	246
毕卡大定理——从一道美国大学数学竞赛试题谈起	2014—07	18.00	350
贝齐尔曲线——从一道全国高中联赛试题谈起	即将出版		
拉格朗日乘子定理——从一道2005年全国高中联赛试题的高等数学解法谈起	2015—05	28.00	480
雅可比定理——从一道日本数学奥林匹克试题谈起	2013—04	48.00	249
李天岩-约克定理——从一道波兰数学竞赛试题谈起	2014—06	28.00	349
整系数多项式因式分解的一般方法——从克朗耐克算法谈起	即将出版		

刘培杰数学工作室
已出版(即将出版)图书目录——高等数学

书　名	出版时间	定　价	编号
布劳维不动点定理——从一道前苏联数学奥林匹克试题谈起	2014—01	38.00	273
伯恩赛德定理——从一道英国数学奥林匹克试题谈起	即将出版		
布查特－莫斯特定理——从一道上海市初中竞赛试题谈起	即将出版		
数论中的同余数问题——从一道普特南竞赛试题谈起	即将出版		
范·德蒙行列式——从一道美国数学奥林匹克试题谈起	即将出版		
中国剩余定理:总数法构建中国历史年表	2015—01	28.00	430
牛顿程序与方程求根——从一道全国高考试题解法谈起	即将出版		
库默尔定理——从一道IMO预选试题谈起	即将出版		
卢丁定理——从一道冬令营试题的解法谈起	即将出版		
沃斯滕霍姆定理——从一道IMO预选试题谈起	即将出版		
卡尔松不等式——从一道莫斯科数学奥林匹克试题谈起	即将出版		
信息论中的香农熵——从一道近年高考压轴题谈起	即将出版		
约当不等式——从一道希望杯竞赛试题谈起	即将出版		
拉比诺维奇定理	即将出版		
刘维尔定理——从一道《美国数学月刊》征解问题的解法谈起	即将出版		
卡塔兰恒等式与级数求和——从一道IMO试题的解法谈起	即将出版		
勒让德猜想与素数分布——从一道爱尔兰竞赛试题谈起	即将出版		
天平称重与信息论——从一道基辅市数学奥林匹克试题谈起	即将出版		
哈密尔顿—凯莱定理:从一道高中数学联赛试题的解法谈起	2014—09	18.00	376
艾思特曼定理——从一道CMO试题的解法谈起	即将出版		
一个爱尔特希问题——从一道西德数学奥林匹克试题谈起	即将出版		
有限群中的爱丁格尔问题——从一道北京市初中二年级数学竞赛试题谈起	即将出版		
糖水中的不等式——从初等数学到高等数学	2019—07	48.00	1093
帕斯卡三角形	2014—03	18.00	294
蒲丰投针问题——从2009年清华大学的一道自主招生试题谈起	2014—01	38.00	295
斯图兹定理——从一道"华约"自主招生试题的解法谈起	2014—01	18.00	296
许瓦兹引理——从一道加利福尼亚大学伯克利分校数学系博士生试题谈起	2014—08	18.00	297
拉姆塞定理——从王诗宬院士的一个问题谈起	2016—04	48.00	299
坐标法	2013—12	28.00	332
数论三角形	2014—04	38.00	341
毕克定理	2014—07	18.00	352
数林掠影	2014—09	48.00	389
我们周围的概率	2014—10	38.00	390
凸函数最值定理:从一道华约自主招生题的解法谈起	2014—10	28.00	391
易学与数学奥林匹克	2014—10	38.00	392
生物数学趣谈	2015—01	18.00	409
反演	2015—01	28.00	420
因式分解与圆锥曲线	2015—01	18.00	426
轨迹	2015—01	28.00	427
面积原理:从常庚哲命的一道CMO试题的积分解法谈起	2015—01	48.00	431
形形色色的不动点定理:从一道28届IMO试题谈起	2015—01	38.00	439
柯西函数方程:从一道上海交大自主招生的试题谈起	2015—02	28.00	440

刘培杰数学工作室
已出版(即将出版)图书目录——高等数学

书　名	出版时间	定价	编号
三角恒等式	2015—02	28.00	442
无理性判定:从一道2014年"北约"自主招生试题谈起	2015—01	38.00	443
数学归纳法	2015—03	18.00	451
极端原理与解题	2015—04	28.00	464
法雷级数	2014—08	18.00	367
摆线族	2015—01	38.00	438
函数方程及其解法	2015—05	38.00	470
含参数的方程和不等式	2012—09	28.00	213
希尔伯特第十问题	2016—01	38.00	543
无穷小量的求和	2016—01	28.00	545
切比雪夫多项式:从一道清华大学金秋营试题谈起	2016—01	38.00	583
泽肯多夫定理	2016—03	38.00	599
代数等式证题法	2016—01	28.00	600
三角等式证题法	2016—01	28.00	601
吴大任教授藏书中的一个因式分解公式:从一道美国数学邀请赛试题的解法谈起	2016—06	28.00	656
易卦——类万物的数学模型	2017—08	68.00	838
"不可思议"的数与数系可持续发展	2018—01	38.00	878
最短线	2018—01	38.00	879
从毕达哥拉斯到怀尔斯	2007—10	48.00	9
从迪利克雷到维斯卡尔迪	2008—01	48.00	21
从哥德巴赫到陈景润	2008—05	98.00	35
从庞加莱到佩雷尔曼	2011—08	138.00	136
从费马到怀尔斯——费马大定理的历史	2013—10	198.00	I
从庞加莱到佩雷尔曼——庞加莱猜想的历史	2013—10	298.00	II
从切比雪夫到爱尔特希(上)——素数定理的初等证明	2013—07	48.00	III
从切比雪夫到爱尔特希(下)——素数定理100年	2012—12	98.00	III
从高斯到盖尔方特——二次域的高斯猜想	2013—10	198.00	IV
从库默尔到朗兰兹——朗兰兹猜想的历史	2014—01	98.00	V
从比勃巴赫到德布朗斯——比勃巴赫猜想的历史	2014—02	298.00	VI
从麦比乌斯到陈省身——麦比乌斯变换与麦比乌斯带	2014—02	298.00	VII
从布尔到豪斯道夫——布尔方程与格论漫谈	2013—10	198.00	VIII
从开普勒到阿诺德——三体问题的历史	2014—05	298.00	IX
从华林到华罗庚——华林问题的历史	2013—10	298.00	X
数学物理大百科全书.第1卷	2016—01	418.00	508
数学物理大百科全书.第2卷	2016—01	408.00	509
数学物理大百科全书.第3卷	2016—01	396.00	510
数学物理大百科全书.第4卷	2016—01	408.00	511
数学物理大百科全书.第5卷	2016—01	368.00	512
朱德祥代数与几何讲义.第1卷	2017—01	38.00	697
朱德祥代数与几何讲义.第2卷	2017—01	28.00	698
朱德祥代数与几何讲义.第3卷	2017—01	28.00	699

刘培杰数学工作室
已出版(即将出版)图书目录——高等数学

书 名	出版时间	定 价	编号
闵嗣鹤文集	2011—03	98.00	102
吴从炘数学活动三十年(1951～1980)	2010—07	99.00	32
吴从炘数学活动又三十年(1981～2010)	2015—07	98.00	491
斯米尔诺夫高等数学.第一卷	2018—03	88.00	770
斯米尔诺夫高等数学.第二卷.第一分册	2018—03	68.00	771
斯米尔诺夫高等数学.第二卷.第二分册	2018—03	68.00	772
斯米尔诺夫高等数学.第二卷.第三分册	2018—03	48.00	773
斯米尔诺夫高等数学.第三卷.第一分册	2018—03	58.00	774
斯米尔诺夫高等数学.第三卷.第二分册	2018—03	58.00	775
斯米尔诺夫高等数学.第三卷.第三分册	2018—03	68.00	776
斯米尔诺夫高等数学.第四卷.第一分册	2018—03	48.00	777
斯米尔诺夫高等数学.第四卷.第二分册	2018—03	88.00	778
斯米尔诺夫高等数学.第五卷.第一分册	2018—03	58.00	779
斯米尔诺夫高等数学.第五卷.第二分册	2018—03	68.00	780
zeta 函数,q-zeta 函数,相伴级数与积分(英文)	2015—08	88.00	513
微分形式:理论与练习(英文)	2015—08	58.00	514
离散与微分包含的逼近和优化(英文)	2015—08	58.00	515
艾伦·图灵:他的工作与影响(英文)	2016—01	98.00	560
测度理论概率导论,第 2 版(英文)	2016—01	88.00	561
带有潜在故障恢复系统的半马尔柯夫模型控制(英文)	2016—01	98.00	562
数学分析原理(英文)	2016—01	88.00	563
随机偏微分方程的有效动力学(英文)	2016—01	88.00	564
图的谱半径(英文)	2016—01	58.00	565
量子机器学习中数据挖掘的量子计算方法(英文)	2016—01	98.00	566
量子物理的非常规方法(英文)	2016—01	118.00	567
运输过程的统一非局部理论:广义波尔兹曼物理动力学,第 2 版(英文)	2016—01	198.00	568
量子力学与经典力学之间的联系在原子、分子及电动力学系统建模中的应用(英文)	2016—01	58.00	569
算术域(英文)	2018—01	158.00	821
高等数学竞赛:1962—1991 年的米洛克斯·史怀哲竞赛(英文)	2018—01	128.00	822
用数学奥林匹克精神解决数论问题(英文)	2018—01	108.00	823
代数几何(德文)	2018—04	68.00	824
丢番图逼近论(英文)	2018—01	78.00	825
代数几何学基础教程(英文)	2018—01	98.00	826
解析数论入门课程(英文)	2018—01	78.00	827
数论中的丢番图问题(英文)	2018—01	78.00	829
数论(梦幻之旅):第五届中日数论研讨会演讲集(英文)	2018—01	68.00	830
数论新应用(英文)	2018—01	68.00	831
数论(英文)	2018—01	78.00	832
测度与积分(英文)	2019—04	68.00	1059
卡塔兰数入门(英文)	2019—05	68.00	1060
多变量数学入门(英文)	2021—05	68.00	1317
偏微分方程入门(英文)	2021—05	88.00	1318
若尔当典范性:理论与实践(英文)	2021—07	68.00	1366

刘培杰数学工作室
已出版(即将出版)图书目录——高等数学

书　名	出版时间	定　价	编号
湍流十讲(英文)	2018—04	108.00	886
无穷维李代数:第3版(英文)	2018—04	98.00	887
等值、不变量和对称性(英文)	2018—04	78.00	888
解析数论(英文)	2018—09	78.00	889
《数学原理》的演化:伯特兰·罗素撰写第二版时的手稿与笔记(英文)	2018—04	108.00	890
哈密尔顿数学论文集(第4卷):几何学、分析学、天文学、概率和有限差分等(英文)	2019—05	108.00	891
数学王子——高斯	2018—01	48.00	858
坎坷奇星——阿贝尔	2018—01	48.00	859
闪烁奇星——伽罗瓦	2018—01	58.00	860
无穷统帅——康托尔	2018—01	48.00	861
科学公主——柯瓦列夫斯卡娅	2018—01	48.00	862
抽象代数之母——埃米·诺特	2018—01	48.00	863
电脑先驱——图灵	2018—01	58.00	864
昔日神童——维纳	2018—01	48.00	865
数坛怪侠——爱尔特希	2018—01	68.00	866
当代世界中的数学.数学思想与数学基础	2019—01	38.00	892
当代世界中的数学.数学问题	2019—01	38.00	893
当代世界中的数学.应用数学与数学应用	2019—01	38.00	894
当代世界中的数学.数学王国的新疆域(一)	2019—01	38.00	895
当代世界中的数学.数学王国的新疆域(二)	2019—01	38.00	896
当代世界中的数学.数林撷英(一)	2019—01	38.00	897
当代世界中的数学.数林撷英(二)	2019—01	48.00	898
当代世界中的数学.数学之路	2019—01	38.00	899
偏微分方程全局吸引子的特性(英文)	2018—09	108.00	979
整函数与下调和函数(英文)	2018—09	118.00	980
幂等分析(英文)	2018—09	118.00	981
李群,离散子群与不变量理论(英文)	2018—09	108.00	982
动力系统与统计力学(英文)	2018—09	118.00	983
表示论与动力系统(英文)	2018—09	118.00	984
分析学练习.第1部分(英文)	2021—01	88.00	1247
分析学练习.第2部分.非线性分析(英文)	2021—01	88.00	1248
初级统计学:循序渐进的方法:第10版(英文)	2019—05	68.00	1067
工程师与科学家微分方程用书:第4版(英文)	2019—07	58.00	1068
大学代数与三角学(英文)	2019—06	78.00	1069
培养数学能力的途径(英文)	2019—07	38.00	1070
工程师与科学家统计学:第4版(英文)	2019—06	58.00	1071
贸易与经济中的应用统计学:第6版(英文)	2019—06	58.00	1072
傅立叶级数和边值问题:第8版(英文)	2019—05	48.00	1073
通往天文学的途径:第5版(英文)	2019—05	58.00	1074

刘培杰数学工作室
已出版(即将出版)图书目录——高等数学

书　名	出版时间	定　价	编号
拉马努金笔记.第1卷(英文)	2019—06	165.00	1078
拉马努金笔记.第2卷(英文)	2019—06	165.00	1079
拉马努金笔记.第3卷(英文)	2019—06	165.00	1080
拉马努金笔记.第4卷(英文)	2019—06	165.00	1081
拉马努金笔记.第5卷(英文)	2019—06	165.00	1082
拉马努金遗失笔记.第1卷(英文)	2019—06	109.00	1083
拉马努金遗失笔记.第2卷(英文)	2019—06	109.00	1084
拉马努金遗失笔记.第3卷(英文)	2019—06	109.00	1085
拉马努金遗失笔记.第4卷(英文)	2019—06	109.00	1086
数论:1976年纽约洛克菲勒大学数论会议记录(英文)	2020—06	68.00	1145
数论:卡本代尔1979:1979年在南伊利诺伊卡本代尔大学举行的数论会议记录(英文)	2020—06	78.00	1146
数论:诺德韦克豪特1983:1983年在诺德韦克豪特举行的Journees Arithmetiques数论大会会议记录(英文)	2020—06	68.00	1147
数论:1985—1988年在纽约城市大学研究生院和大学中心举办的研讨会(英文)	2020—06	68.00	1148
数论:1987年在乌尔姆举行的Journees Arithmetiques数论大会会议记录(英文)	2020—06	68.00	1149
数论:马德拉斯1987:1987年在马德拉斯安娜大学举行的国际拉马努金百年纪念大会会议记录(英文)	2020—06	68.00	1150
解析数论:1988年在东京举行的日法研讨会会议记录(英文)	2020—06	68.00	1151
解析数论:2002年在意大利切特拉罗举行的C.I.M.E.暑期班演讲集(英文)	2020—06	68.00	1152
量子世界中的蝴蝶:最迷人的量子分形故事(英文)	2020—06	118.00	1157
走进量子力学(英文)	2020—06	118.00	1158
计算物理学概论(英文)	2020—06	48.00	1159
物质,空间和时间的理论:量子理论(英文)	即将出版		1160
物质,空间和时间的理论:经典理论(英文)	即将出版		1161
量子场理论:解释世界的神秘背景(英文)	2020—07	38.00	1162
计算物理学概论(英文)	即将出版		1163
行星状星云(英文)	即将出版		1164
基本宇宙学:从亚里士多德的宇宙到大爆炸(英文)	2020—08	58.00	1165
数学磁流体力学(英文)	2020—07	58.00	1166
计算科学:第1卷,计算的科学(日文)	2020—07	88.00	1167
计算科学:第2卷,计算与宇宙(日文)	2020—07	88.00	1168
计算科学:第3卷,计算与物质(日文)	2020—07	88.00	1169
计算科学:第4卷,计算与生命(日文)	2020—07	88.00	1170
计算科学:第5卷,计算与地球环境(日文)	2020—07	88.00	1171
计算科学:第6卷,计算与社会(日文)	2020—07	88.00	1172
计算科学.别卷,超级计算机(日文)	2020—07	88.00	1173
多复变函数论(日文)	2022—06	78.00	1518
复变函数入门(日文)	2022—06	78.00	1523

刘培杰数学工作室
已出版(即将出版)图书目录——高等数学

书　名	出版时间	定价	编号
代数与数论:综合方法(英文)	2020—10	78.00	1185
复分析:现代函数理论第一课(英文)	2020—07	58.00	1186
斐波那契数列和卡特兰数:导论(英文)	2020—10	68.00	1187
组合推理:计数艺术介绍(英文)	2020—07	88.00	1188
二次互反律的傅里叶分析证明(英文)	2020—07	48.00	1189
旋瓦兹分布的希尔伯特变换与应用(英文)	2020—07	58.00	1190
泛函分析:巴拿赫空间理论入门(英文)	2020—07	48.00	1191
典型群,错排与素数(英文)	2020—11	58.00	1204
李代数的表示:通过 gln 进行介绍(英文)	2020—10	38.00	1205
实分析演讲集(英文)	2020—10	38.00	1206
现代分析及其应用的课程(英文)	2020—10	58.00	1207
运动中的抛射物数学(英文)	2020—10	38.00	1208
2—扭结与它们的群(英文)	2020—10	38.00	1209
概率,策略和选择:博弈与选举中的数学(英文)	2020—11	58.00	1210
分析学引论(英文)	2020—11	58.00	1211
量子群:通往流代数的路径(英文)	2020—11	38.00	1212
集合论入门(英文)	2020—10	48.00	1213
酉反射群(英文)	2020—11	58.00	1214
探索数学:吸引人的证明方式(英文)	2020—11	58.00	1215
微分拓扑短期课程(英文)	2020—10	48.00	1216
抽象凸分析(英文)	2020—11	68.00	1222
费马大定理笔记(英文)	2021—03	48.00	1223
高斯与雅可比和(英文)	2021—03	78.00	1224
π与算术几何平均:关于解析数论和计算复杂性的研究(英文)	2021—01	58.00	1225
复分析入门(英文)	2021—03	48.00	1226
爱德华·卢卡斯与素性测定(英文)	2021—03	78.00	1227
通往凸分析及其应用的简单路径(英文)	2021—01	68.00	1229
微分几何的各个方面.第一卷(英文)	2021—01	58.00	1230
微分几何的各个方面.第二卷(英文)	2020—12	58.00	1231
微分几何的各个方面.第三卷(英文)	2020—12	58.00	1232
沃克流形几何学(英文)	2020—11	58.00	1233
彷射和韦尔几何应用(英文)	2020—12	58.00	1234
双曲几何学的旋转向量空间方法(英文)	2021—02	58.00	1235
积分:分析学的关键(英文)	2020—12	48.00	1236
为有天分的新生准备的分析学基础教材(英文)	2020—11	48.00	1237

刘培杰数学工作室
已出版(即将出版)图书目录——高等数学

书 名	出版时间	定 价	编号
数学不等式.第一卷.对称多项式不等式(英文)	2021—03	108.00	1273
数学不等式.第二卷.对称有理不等式与对称无理不等式(英文)	2021—03	108.00	1274
数学不等式.第三卷.循环不等式与非循环不等式(英文)	2021—03	108.00	1275
数学不等式.第四卷.Jensen不等式的扩展与加细(英文)	2021—03	108.00	1276
数学不等式.第五卷.创建不等式与解不等式的其他方法(英文)	2021—04	108.00	1277
冯·诺依曼代数中的谱位移函数:半有限冯·诺依曼代数中的谱位移函数与谱流(英文)	2021—06	98.00	1308
链接结构:关于嵌入完全图的直线中链接单形的组合结构(英文)	2021—05	58.00	1309
代数几何方法.第1卷(英文)	2021—06	68.00	1310
代数几何方法.第2卷(英文)	2021—06	68.00	1311
代数几何方法.第3卷(英文)	2021—06	58.00	1312
代数、生物信息和机器人技术的算法问题.第四卷,独立恒等式系统(俄文)	2020—08	118.00	1119
代数、生物信息和机器人技术的算法问题.第五卷,相对覆盖性和独立可拆分恒等式系统(俄文)	2020—08	118.00	1200
代数、生物信息和机器人技术的算法问题.第六卷,恒等式和准恒等式的相等问题、可推导性和可实现性(俄文)	2020—08	128.00	1201
分数阶微积分的应用:非局部动态过程,分数阶导热系数(俄文)	2021—01	68.00	1241
泛函分析问题与练习:第2版(俄文)	2021—01	98.00	1242
集合论、数学逻辑和算法论问题:第5版(俄文)	2021—01	98.00	1243
微分几何和拓扑短期课程(俄文)	2021—01	98.00	1244
素数规律(俄文)	2021—01	88.00	1245
无穷边值问题解的递减:无界域中的拟线性椭圆和抛物方程(俄文)	2021—01	48.00	1246
微分几何讲义(俄文)	2020—12	98.00	1253
二次型和矩阵(俄文)	2021—01	98.00	1255
积分和级数.第2卷,特殊函数(俄文)	2021—01	168.00	1258
积分和级数.第3卷,特殊函数补充.第2版(俄文)	2021—01	178.00	1264
几何图上的微分方程(俄文)	2021—01	138.00	1259
数论教程:第2版(俄文)	2021—01	98.00	1260
非阿基米德分析及其应用(俄文)	2021—03	98.00	1261

刘培杰数学工作室
已出版(即将出版)图书目录——高等数学

书 名	出版时间	定 价	编号
古典群和量子群的压缩(俄文)	2021—03	98.00	1263
数学分析习题集.第3卷,多元函数:第3版(俄文)	2021—03	98.00	1266
数学习题:乌拉尔国立大学数学力学系大学生奥林匹克(俄文)	2021—03	98.00	1267
柯西定理和微分方程的特解(俄文)	2021—03	98.00	1268
组合极值问题及其应用:第3版(俄文)	2021—03	98.00	1269
数学词典(俄文)	2021—01	98.00	1271
确定性混沌分析模型(俄文)	2021—06	168.00	1307
精选初等数学习题和定理.立体几何.第3版(俄文)	2021—03	68.00	1316
微分几何习题:第3版(俄文)	2021—05	98.00	1336
精选初等数学习题和定理.平面几何.第4版(俄文)	2021—05	68.00	1335
曲面理论在欧氏空间 E_n 中的直接表示	2022—01	68.00	1444
维纳—霍普夫离散算子和托普利兹算子:某些可数赋范空间中的诺特性和可逆性(俄文)	2022—03	108.00	1496
Maple中的数论:数论中的计算机计算(俄文)	2022—03	88.00	1497
贝尔曼和克努特问题及其概括:加法运算的复杂性(俄文)	2022—03	138.00	1498
复分析:共形映射(俄文)	2022—07	48.00	1542
微积分代数样条和多项式及其在数值方法中的应用(俄文)	2022—08	128.00	1543
蒙特卡罗方法中的随机过程和场模型:算法和应用(俄文)	2022—08	88.00	1544
狭义相对论与广义相对论:时空与引力导论(英文)	2021—07	88.00	1319
束流物理学和粒子加速器的实践介绍:第2版(英文)	2021—07	88.00	1320
凝聚态物理中的拓扑和微分几何简介(英文)	2021—05	88.00	1321
混沌映射:动力学、分形学和快速涨落(英文)	2021—05	128.00	1322
广义相对论:黑洞、引力波和宇宙学介绍(英文)	2021—06	68.00	1323
现代分析电磁均质化(英文)	2021—06	68.00	1324
为科学家提供的基本流体动力学(英文)	2021—06	88.00	1325
视觉天文学:理解夜空的指南(英文)	2021—06	68.00	1326
物理学中的计算方法(英文)	2021—06	68.00	1327
单星的结构与演化:导论(英文)	2021—06	108.00	1328
超越居里:1903年至1963年物理界四位女性及其著名发现(英文)	2021—06	68.00	1329
范德瓦尔斯流体热力学的进展(英文)	2021—06	68.00	1330
先进的托卡马克稳定性理论(英文)	2021—06	88.00	1331
经典场论导论:基本相互作用的过程(英文)	2021—07	88.00	1332
光致电离量子动力学方法原理(英文)	2021—07	108.00	1333
经典域论和应力:能量张量(英文)	2021—05	88.00	1334
非线性太赫兹光谱的概念与应用(英文)	2021—06	68.00	1337
电磁学中的无穷空间并矢格林函数(英文)	2021—06	88.00	1338
物理科学基础数学.第1卷,齐次边值问题、傅里叶方法和特殊函数(英文)	2021—07	108.00	1339
离散量子力学(英文)	2021—07	68.00	1340
核磁共振的物理学和数学(英文)	2021—07	108.00	1341
分子水平的静电学(英文)	2021—08	68.00	1342
非线性波:理论、计算机模拟、实验(英文)	2021—06	108.00	1343
石墨烯光学:经典问题的电解解决方案(英文)	2021—06	68.00	1344
超材料多元宇宙(英文)	2021—07	68.00	1345
银河系外的天体物理学(英文)	2021—07	68.00	1346
原子物理学(英文)	2021—07	68.00	1347

刘培杰数学工作室
已出版(即将出版)图书目录——高等数学

书　　名	出版时间	定　价	编号
将光打结:将拓扑学应用于光学(英文)	2021-07	68.00	1348
电磁学:问题与解法(英文)	2021-07	88.00	1364
海浪的原理:介绍量子力学的技巧与应用(英文)	2021-07	108.00	1365
多孔介质中的流体:输运与相变(英文)	2021-07	68.00	1372
洛伦兹群的物理学(英文)	2021-08	68.00	1373
物理导论的数学方法和解决方法手册(英文)	2021-08	68.00	1374
非线性波数学物理学入门(英文)	2021-08	88.00	1376
波:基本原理和动力学(英文)	2021-07	68.00	1377
光电子量子计量学.第1卷,基础(英文)	2021-07	88.00	1383
光电子量子计量学.第2卷,应用与进展(英文)	2021-07	68.00	1384
复杂流的格子玻尔兹曼建模的工程应用(英文)	2021-08	68.00	1393
电偶极矩挑战(英文)	2021-08	108.00	1394
电动力学:问题与解法(英文)	2021-09	68.00	1395
自由电子激光的经典理论(英文)	2021-08	68.00	1397
曼哈顿计划——核武器物理学简介(英文)	2021-09	68.00	1401
粒子物理学(英文)	2021-09	68.00	1402
引力场中的量子信息(英文)	2021-09	128.00	1403
器件物理学的基本经典力学(英文)	2021-09	68.00	1404
等离子体物理及其空间应用导论.第1卷,基本原理和初步过程(英文)	2021-09	68.00	1405
伽利略理论力学:连续力学基础(英文)	2021-10	48.00	1416
拓扑与超弦理论焦点问题(英文)	2021-07	58.00	1349
应用数学:理论、方法与实践(英文)	2021-07	78.00	1350
非线性特征值问题:牛顿型方法与非线性瑞利函数(英文)	2021-07	58.00	1351
广义膨胀和齐性:利用齐性构造齐次系统的李雅普诺夫函数和控制律(英文)	2021-06	48.00	1352
解析数论焦点问题(英文)	2021-07	58.00	1353
随机微分方程:动态系统方法(英文)	2021-07	58.00	1354
经典力学与微分几何(英文)	2021-07	58.00	1355
负定相交形式流形上的瞬子模空间几何(英文)	2021-07	68.00	1356
广义卡塔兰轨道分析:广义卡塔兰轨道计算数字的方法(英文)	2021-07	48.00	1367
洛伦兹方法的变分:二维与三维洛伦兹方法(英文)	2021-08	38.00	1378
几何、分析和数论精编(英文)	2021-08	68.00	1380
从一个新角度看数论:通过遗传方法引入现实的概念(英文)	2021-07	58.00	1387

刘培杰数学工作室
已出版(即将出版)图书目录——高等数学

书 名	出版时间	定 价	编号
动力系统:短期课程(英文)	2021-08	68.00	1382
几何路径:理论与实践(英文)	2021-08	48.00	1385
广义斐波那契数列及其性质(英文)	2021-08	38.00	1386
论天体力学中某些问题的不可积性(英文)	2021-07	88.00	1396
对称函数和麦克唐纳多项式:余代数结构与Kawanaka恒等式	2021-09	38.00	1400
杰弗里·英格拉姆·泰勒科学论文集:第1卷.固体力学(英文)	2021-05	78.00	1360
杰弗里·英格拉姆·泰勒科学论文集:第2卷.气象学、海洋学和湍流(英文)	2021-05	68.00	1361
杰弗里·英格拉姆·泰勒科学论文集:第3卷.空气动力学以及落弹数和爆炸的力学(英文)	2021-05	68.00	1362
杰弗里·英格拉姆·泰勒科学论文集:第4卷.有关流体力学(英文)	2021-05	58.00	1363
非局域泛函演化方程:积分与分数阶(英文)	2021-08	48.00	1390
理论工作者的高等微分几何:纤维丛、射流流形和拉格朗日理论(英文)	2021-08	68.00	1391
半线性退化椭圆微分方程:局部定理与整体定理(英文)	2021-07	48.00	1392
非交换几何、规范理论和重整化:一般简介与非交换量子场论的重整化(英文)	2021-09	78.00	1406
数论论文集:拉普拉斯变换和带有数论系数的幂级数(俄文)	2021-09	48.00	1407
挠理论专题:相对极大值,单射与扩充模(英文)	2021-09	88.00	1410
强正则图与欧几里得若尔当代数:非通常关系中的启示(英文)	2021-10	48.00	1411
拉格朗日几何和哈密顿几何:力学的应用(英文)	2021-10	48.00	1412
时滞微分方程与差分方程的振动理论:二阶与三阶(英文)	2021-10	98.00	1417
卷积结构与几何函数理论:用以研究特定几何函数理论方向的分数阶微积分算子与卷积结构(英文)	2021-10	48.00	1418
经典数学物理的历史发展(英文)	2021-10	78.00	1419
扩展线性丢番图问题(英文)	2021-10	38.00	1420
一类混沌动力系统的分歧分析与控制:分歧分析与控制(英文)	2021-11	38.00	1421
伽利略空间和伪伽利略空间中一些特殊曲线的几何性质(英文)	2022-01	48.00	1422

刘培杰数学工作室
已出版(即将出版)图书目录——高等数学

书　　名	出版时间	定　价	编号
一阶偏微分方程:哈密尔顿—雅可比理论(英文)	2021—11	48.00	1424
各向异性黎曼多面体的反问题:分段光滑的各向异性黎曼多面体反边界谱问题:唯一性(英文)	2021—11	38.00	1425
项目反应理论手册.第一卷,模型(英文)	2021—11	138.00	1431
项目反应理论手册.第二卷,统计工具(英文)	2021—11	118.00	1432
项目反应理论手册.第三卷,应用(英文)	2021—11	138.00	1433
二次无理数:经典数论入门(英文)	2022—05	138.00	1434
数,形与对称性:数论,几何和群论导论(英文)	2022—05	128.00	1435
有限域手册(英文)	2021—11	178.00	1436
计算数论(英文)	2021—11	148.00	1437
拟群与其表示简介(英文)	2021—11	88.00	1438
数论与密码学导论:第二版(英文)	2022—01	148.00	1423
几何分析中的柯西变换与黎兹变换:解析调和容量和李普希兹调和容量、变化和振荡以及一致可求长性(英文)	2021—12	38.00	1465
近似不动点定理及其应用(英文)	2022—05	28.00	1466
局部域的相关内容解析:对局部域的扩展及其伽罗瓦群的研究(英文)	2022—01	38.00	1467
反问题的二进制恢复方法(英文)	2022—03	28.00	1468
对几何函数中某些类的各个方面的研究:复变量理论(英文)	2022—01	38.00	1469
覆盖、对应和非交换几何(英文)	2022—01	28.00	1470
最优控制理论中的随机线性调节器问题:随机最优线性调节器问题(英文)	2022—01	38.00	1473
正交分解法:涡流流体动力学应用的正交分解法(英文)	2022—01	38.00	1475
芬斯勒几何的某些问题(英文)	2022—03	38.00	1476
受限三体问题(英文)	2022—05	38.00	1477
利用马利亚万微积分进行 Greeks 的计算:连续过程、跳跃过程中的马利亚万微积分和金融领域中的 Greeks(英文)	2022—05	48.00	1478
经典分析和泛函分析的应用:分析学的应用(英文)	2022—05	38.00	1479
特殊芬斯勒空间的探究(英文)	2022—03	48.00	1480
某些图形的施泰纳距离的细谷多项式:细谷多项式与图的维纳指数(英文)	2022—05	38.00	1481
图论问题的遗传算法:在新鲜与模糊的环境中(英文)	2022—05	48.00	1482
多项式映射的渐近簇(英文)	2022—05	38.00	1483

刘培杰数学工作室
已出版（即将出版）图书目录——高等数学

书　名	出版时间	定　价	编号
一维系统中的混沌:符号动力学,映射序列,一致收敛和沙可夫斯基定理(英文)	2022—05	38.00	1509
多维边界层流动与传热分析:粘性流体流动的数学建模与分析(英文)	2022—05	38.00	1510
演绎理论物理学的原理:一种基于量子力学波函数的逐次置信估计的一般理论的提议(英文)	2022—05	38.00	1511
R^2 和 R^3 中的仿射弹性曲线:概念和方法(英文)	2022—08	38.00	1512
算术数列中除数函数的分布:基本内容、调查、方法、第二矩、新结果(英文)	2022—05	28.00	1513
抛物型狄拉克算子和薛定谔方程:不定常薛定谔方程的抛物型狄拉克算子及其应用(英文)	2022—07	28.00	1514
黎曼-希尔伯特问题与量子场论:可积重正化、戴森-施温格方程(英文)	2022—08	38.00	1515
代数结构和几何结构的形变理论(英文)	2022—08	48.00	1516
概率结构和模糊结构上的不动点:概率结构和直觉模糊度量空间的不动点定理(英文)	2022—08	38.00	1517
反若尔当对:简单反若尔当对的自同构	2022—07	28.00	1533
对某些黎曼—芬斯勒空间变换的研究:芬斯勒几何中的某些变换	2022—07	38.00	1534
内诣零流形映射的尼尔森数的阿诺索夫关系	即将出版		1535
与广义积分变换有关的分数次演算:对分数次演算的研究	即将出版		1536
强子的芬斯勒几何和吕拉几何(宇宙学方面):强子结构的芬斯勒几何和吕拉几何(拓扑缺陷)	即将出版		1537
一种基于混沌的非线性最优化问题:作业调度问题	即将出版		1538
广义概率论发展前景:关于趣味数学与置信函数实际应用的一些原创观点	即将出版		1539
纽结与物理学:第二版(英文)	2022—09	118.00	1547
正交多项式和 q—级数的前沿(英文)	即将出版		1548
算子理论问题集(英文)	即将出版		1549
抽象代数:群、环与域的应用导论:第二版(英文)	即将出版		1550
菲尔兹奖得主演讲集:第三版(英文)	即将出版		1551
多元实函数教程(英文)	即将出版		1552

联系地址：哈尔滨市南岗区复华四道街 10 号　哈尔滨工业大学出版社刘培杰数学工作室
网　　址：http://lpj.hit.edu.cn/
邮　　编：150006
联系电话：0451—86281378　　　13904613167
E-mail:lpj1378@163.com